赵广超，生于香港，早年留学法国，现从事艺术、设计教育及著述工作。

2001 年成立设计及文化研究工作室。现任设计及文化研究工作室总监、故宫文化研发小组总监。

曾任 2010 年上海世博会事务协调局中国国家馆"城市发展中的中华智慧"研讨会顾问、"智慧长河"展项展示深化设计专家顾问及中国中央电视台 CCTV-9 纪录频道《故宫 100》百集纪录片创意艺术顾问。

主要著作包括《不只中国木建筑》《笔纸中国画》《大紫禁城——王者的轴线》《国家艺术·一章木椅》《国家艺术·十二美人》《我的家在紫禁城》系列丛书及《紫禁城 100》等二十余种。

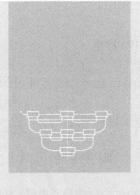

不只中国木建筑

赵广超 著

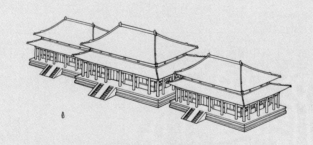

中华书局

图书在版编目(CIP)数据

不只中国木建筑/赵广超著. —北京:中华书局,2018.4
(2023.10 重印)
ISBN 978-7-101-12484-2

Ⅰ.不… Ⅱ.赵… Ⅲ.木结构-建筑史-中国 Ⅳ.TU-092

中国版本图书馆 CIP 数据核字(2017)第 042249 号

书　　名	不只中国木建筑
著　　者	赵广超
责任编辑	胡正娟
责任印制	陈丽娜
出版发行	中华书局
	(北京市丰台区太平桥西里 38 号　100073)
	http://www.zhbc.com.cn
	E-mail:zhbc@zhbc.com.cn
印　　刷	天津善印科技有限公司
版　　次	2018 年 4 月第 1 版
	2023 年 10 月第 6 次印刷
规　　格	开本/710×1000 毫米　1/16
	印张 17　插页 2　字数 160 千字
印　　数	28001-30000 册
国际书号	ISBN 978-7-101-12484-2
定　　价	79.00 元

目　录

掩饰和装饰，形势是否大好，关键在于远近精粗。且看建筑上的装饰部分。这次石工第一，略略带过木雕作，然后略施一点颜色。希望连年有余，写在装饰之后。

不止于此

赵广超老师的《不只中国木建筑》在中华书局重版，承赵老师嘱咐，让我为重版写一点话。

我认识赵老师十四年了。当年，美术馆东街的三联书店，二层东墙有一排书柜，是一些比较少见的艺术类图书，不仅比较少见，三联书店进的数量也很少，常常是，看上的书，尽管脏了旧了，也不会再有第二本，买就买，也不会像小摊上可以要求打个折扣。

《不只中国木建筑》就是在这里遇见的，是 2001 年上海科技出版社的简体字本。

说一句题外话，至今，以编辑的身份，还是不能不称赞上海科技出版社的眼光与决断力，先后买进了香港数家出版机构的优质图书的简体字版权，其中最为风行的要数故宫博物院与香港商务印书馆合作的大型丛书——《故宫博物院藏文物珍品全集》(即大家口中简称的"六十卷")。回到题内，如果没有这本简体字版的《不只中国木建筑》，也许就不会由我为赵老师写这些话。

白色的封皮有点脏，还有一处小的开裂。只有一本。这大概是 2002 年的事。从读者角度说，就算认识这位作者了。

这是一本原来没有过的书，是知识性的，也是艺术性的，但与向来读到的知识性或艺术性的书都不同，作者的讲述没有学院的腔调，没有勉强的抒情，也没有做作的小儿语。知识点多，而具发散性，语言平实，而饱含诗意。

譬如——

在家外月亮总是在照着别人，院子里看到的月亮可像自己家人一样，院子其实就是将天地划了一块放在家里，一个可以让树木从家里向天空生长的房间。

中国人用木头造出纸张，用木头刻字制版，然后在木头搭建的空间里，一并写下整个建筑和工艺发展史。

《康熙字典》里"木"部的字有 1413 个，其中就有超过 400 个是与建筑有关。"栖"身怎可以不从"木"开始。悠悠乎"天下之至柔，驰骋天下之至坚"。

2004 年，由香港文物基金会资助的建福宫复建工程接近尾声，受基金会的工程监理邱筱铭邀请去参观，说起她正在筹划做一本介绍复建过程的书，内容是关于复建过程的介绍，读者的定位首先是基金会的出资者，其次是有意愿了解却基本无所知的人，究竟用什么样的形式来讲这件事，才能使读的人对工程有所了解，并进而体验到中国建筑源自天然、超乎天然的特质。因为我是编辑，想听我的意见，我脱口而出的话是，你要找一个叫赵广超的人来帮你做这事，应该就是你想要达到的效果。他是香港理工大学的老师。邱筱铭含笑问，你认识他吗？我说，我是从书上认识的。筱铭哈哈大笑，说，他下个月会来，我介绍你们认识。说着话，给我看一张建福宫图，画风熟悉。说，已经开始请赵老师画一些实验性的小品，目前在征求意见中。

下一个月，仍然在这间办公室，见到了赵老师，真认识了。那一天，我们谈了很多。谈到我的父亲朱家溍先生，赵老师深以为憾的是，自己来晚了，没有见到一直想要见和认识的人。但他的一句话，"朱先生的文字不骄傲"令我至今难忘。这个感觉，许多人都有，但赵老师能说出来，是因为他自己的行文也秉承着这样的自律，我以为。

认识赵老师之前，从未体验过那句老北京的歇后语，"茶壶煮饺子——肚里有数"。所以与赵老师谈话是一件痛快的事，这么说的原因首先是赵老师广东口音极重，而偏又是个内心无比丰富，联想特别迅疾的人，于是他被自己的念头拥塞着，难以择言，更难以在唇舌间转化成国语发音，说着说着话，竟难免气促起来。与他对话的人也会觉得吃力，所以会"痛"。

但赵老师对历史、文学、艺术始终存着一种儿童般的天然渴求，又不在意求知的方式，无论电影、戏剧、曲艺种种，对艺术形式都不抱高低之见。因此，交流中，非常容易彼此会意与契合。所以是"快"。

而他最注重的，还是自己的亲身体验，用双脚，去到各处，用双眼，观察各处，用心体会其中或明显或隐晦的关联。

在带领学生熟悉紫禁城的一年时间中，要求学生的也是同样。在宫殿外面的各个位置，站着，不许随意走动，用身体去感觉太阳在四季中不同的光线与温度，要求的用意即是让学生动笔勾画之前，建立与古人相通的来自肌肤的真实感。唯有如此，才能在创作中逐渐学会直白并有自然趣味的语言，无论造型的，还是表意的。唯有如此，才能在文字的表述上自然，明了，让每一个认识字的人都能理解自己希望传达的意思，才能把故事讲好而"不骄傲"。

认识了赵老师，让人不觉记起古人的话，"君子欲讷于言而敏于行"。字典上解释"讷"是，不擅长说话，语言迟钝。"敏"则是迅速，灵活。真就是说的赵老师。

对于一个心里装满了故事要讲的人，木建筑之下是一个家，家里有不止一个人，人之间的关系，家事与家世，既琐细又长久。

木头之外当然是有着另外的故事。

哪里止于木建筑呢。

朱传荣
朱家溍之女，故宫
《紫禁城》杂志编辑。

朱传荣　2017 年 3 月

前　言

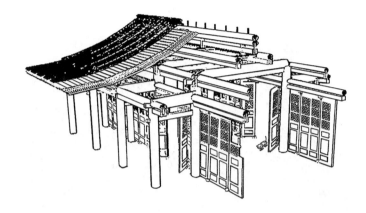

非同小可的木建筑

神学家告诉我们，世界本来完美无瑕，无忧无虑。

问题是人类的历史却是在"桃花源"以外开始的。

据说亚当和夏娃因为偷吃了一个苹果，结果失去了一个乐园。当亚当和夏娃被上帝逐出伊甸园的时候，天正在下着倾盆大雨。亚当唯有半投降、半遮挡地用双手覆盖着自己。夏娃默默依偎在丈夫怀里，两口子一个哆嗦颤抖，一个默默扶持，在风雨飘摇中患难与共地组成人类第一个建筑的结构——覆盖与支撑。

这是在 15 世纪时流行于西方建筑界的有趣寓言，看来亚当和夏娃只要吵吵嘴，这个用身体搭建的结构大概便要解体了。

真实的故事则是人类的祖先在草昧荒原里浪荡了不知多少世代，过着整天跟着可以吃的动物到处跑（狩猎），然后又被吃我们的动物到处追赶（被狩猎）的生活，直至从颠沛流离中停下来，找到一块合适的土地，从被动的采集生活，进而改为生产（畜牧、耕种和囤积）的新生活模式。

这是一个重大的转折点，从流窜到安顿下来至少要懂得在覆盖与支撑之外加上安全措施——"围拢的结构"。

换言之，便是顶盖、柱子再加上墙壁。

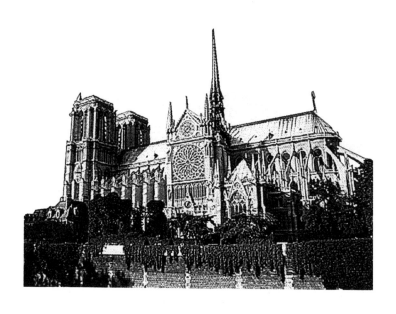

巴黎圣母院——用石头写成的
哥特式教堂（Notre Dame de
Paris, 1163—1345）

这时候大约是公元前四五千年，每一个民族的祖先都先后从这几个基本概念出发，开始不同的建筑实验。

我们的祖先攀到树上、躲进山洞；地势低的把窝棚架高，地势高的将洞穴下掘，利用浅穴堆土，支架遮闭的原始土木工程搭建住所，除了要躲避野兽洪水之外，每个民族的祖先所盼望的显然不仅是一栋房屋（house），而是一个家（home）。

用现在的说法——家是房屋的内容，房屋便是家的包装。

一般人的家包装成一般的房屋，非一般人的家包装成非一般的宫殿或监狱，超人的家包装成庙宇或教堂，死人的家包装成陵墓。

各师各法，中国人用"土木"工程来表达建设的概念，西方人则利用石头来堆出他们的家园。法国文豪维克多·雨果（Victor Hugo, 1802—1885）曾经用"一部用石头写成的历史"来推许西方的建筑发展。文章有价，这句话几乎成为谈论西方建筑的必备"热句"。

其实，雨果的话应该是"很多个用石头写成的不同故事"才对。通篇尽是希腊式、罗马式、罗曼式、哥德式、巴洛克式……一直到

现代"石破天惊"的摩天大厦式样，式式俱备。永恒的石头，奇怪地撰写着令人眼花缭乱的短暂风流。

12 世纪的宫殿建筑模样（宋《营造法式》）相当于西方建造巴黎圣母院的时期，看起来一直都没有变。

从西方的建筑面貌开始去谈论中国的建筑，其实并没有必然的关系，然而却有着参考意义，毕竟这是东西方两个最大的建筑系统。

传统的中国建筑并没有西方建筑那种奇异的混乱，不过又有着"专家说它其实一直在变，我们看起来却一直都没有变"的茫然，尤其是每当我们看到有些电影，不论唐宋元明清的故事都仿佛是放在同一个布景前上演的时候。

造成"时常在变"和"时常都不变"的倾向十分复杂，天下并没有一条可以解释两个不同文化的建筑实验的公式，无论我们称之为民族性、风格或传统，总之，就是不同。

单是房屋的概念，就已经完全不同。

我们往往可以在西方的建筑上看到精美的雕刻，在中国的建筑上则可以在雕刻之外找到其他一切的工艺。一本中国建筑史，几乎就是整个工艺发展史。

原因尽在建材——木头。

左：扛着走的房子叫做轿（《清明上河图》）

右：船只在中国本来就是浮在水上的房屋

在中国，但凡可以应用在木头上的技术，几乎都可以发生在建筑上。同样，建筑的种种技术都可以应用在其他木材工艺上。

在中国，房屋只是在结构及功能上扮演房屋时才叫做房屋，在其他场合，房屋可以是任何东西。小到可以坐在上面的桌椅，衣橱可以和一个房间一模一样，扛着走的房子叫做轿，马车本来就是一间安装上车轮的房间。

如果诺亚是中国人的话，就无须焦急地等待上帝给他打造方舟的蓝图了，因为船只在中国本来就是浮在水上的房屋。

中国建筑往往只在实际营造工程上才成为独立的部门，在整个文化意义上却充满"无定形"的活泼性质，活泼到竟然令人觉得它"一点也不活泼"，只好推说是某些不认真的电影布景所惹出来的祸。

悠悠乎"天下之至柔，驰骋天下之至坚"。中国人在几千年来，一直利用远比石材脆弱得多的木头来支撑他们的家园，木头的背后当然是有着另外的故事。

非同小可的木建筑。

赵广超

1999 年 9 月

愿托乔木

怎样说才好，中国人和树木。

古人植树造林，截木为材。盖房子，做家具。生活在树木旁，住在木材里。在木桌上吃，在木床上睡。五行中，"木"的位置安放在旭日照耀的东方，是一切生命之源。

据说楠木要在生长五百年之后才会散发出一阵阵沁人心肺的清香。中国现存最巨大的楠木柱有四根，各高 14.3 米，直径 1.17 米，怕已不止两千年。连同其他 56 根 10 米高的楠木柱，一共 60 棵大树那样支撑起明代帝王陵墓群中最大的祾恩殿（建于公元 1427 年），走进去就仿佛走入一个楠木林里。建成五六百年之后，帝王化成泥，唯有此木香如故。

明代谢在杭，在他的拉杂小品《五杂俎》里提到，在中国南方的深山里生长着不知年月的楠木，纹理细密，坚硬如铁，非但不会腐烂，而且虫蚁不侵。曾经有人用来做了一个木匣，在暑热的天气下，将一块生肉放在里面。过了几天，肉依然保持新鲜色泽。

事事忌讳的中国人，却用同样的木材起罢陵殿起宫殿。不用说，楠木"保鲜"，自是上佳棺椁。树木既是生命之源，也是最后的归宿。

中国人在汉代开始用木头造出纸张，到了宋代用木头刻字制版，印刷在木头造的纸张上，然后写下整个民族的历史。

话说红拂女初遇李靖，眼见如此英伟真男儿，当下自剖心迹："丝萝非独生，愿托乔木。"（《唐宋传奇》）

中国人本就径将一生托乔木。

第一章 ———————————————— 起 家

建立一个家的态度有两种，其一是将自然拒诸门外，其二是与自然共处一室。

中国人将"家"托付乔木。家、庭并非一回事。

木柱既然保留着自然气息，树木也会散发出家园的温暖。

由来识字始

一间屋和一个家并不相同。一间屋可以数得出，一个家只能感受得到。

一支箭（至）
来到这里便是一间**屋**

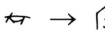
一只野猪（豕）到处跑
野猪跑入了屋，变成中文的**家**

家

　　屋是泛指在地上搭建，有顶盖、有墙壁的人工结构，而"家"则是一间带着特殊意义的屋。

　　因为屋内有美食（"豕"——野猪跑入了屋内，自然是等着烹调）。野猪当然不会自动爬上餐桌，所以要有一个"家"，很不容易。

　　古人洞悉世情，早就知道生活"安"静，全赖屋檐下那位持家有道的女性。

　　"安家"意味着稳定的温饱和无尽的关怀，这才是产生"屋"这个泥土上的人工结构的真正企图。安家则立业，古人从此得以"安"心地在"家"里用脑袋进一步思索出更高级的人类文化来；否则就只能够用双脚在外面走那永远无法"安顿"的路。

　　起家由来识字始，在中文里举凡与建筑和居住有关的方块字，大部分都很象形地画出一个屋盖，上面凸出来的一个点，正是支撑起整个屋盖的主要木柱。

　　柱、楹、梁、栋、桄、枓、栱、檐、枨、楣、桁、栏、杆等各个属于房屋的名词，纵然未必个个认得，但总看得出是用木头做的，《康熙字典》里"木"部的字有 1413 个，其中就有超过 400 个是与建筑有关。"栖"身明明白白是从"木"开始的。

　　家的第一点，万万不可掉下来，否则便会变成个冢字（大吉利是）。

家庭

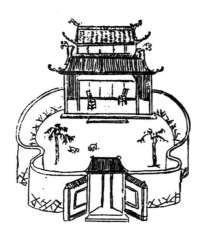

　　家是房屋，庭则是空地，"广"表示这个空地在屋檐之前，一内一外。

　　一般人家的空地用来做日常活动（家庭），帝王之家的空地是宫"庭"，群臣朝见的空地是朝"庭"。

　　"家庭"，意思是说一个"家"，多少要有点空地才像样。虽然现在不单是家庭，连法庭也没有空地了。

　　对以前的中国人来说，四面房屋围拢加上中间的空地便是一个正常的家庭。"庭"会令人想起四合院内的庭院或庭园，这片空地，和屋外的空地很不一样，因为它是一个过滤了的"户外空间"，过滤掉包括家庭以外的陌生人、噪音和风沙。

　　说"庭"是一个封闭的建筑内的开放空间当然可以，但当回廊上的木柱旁栽种一些树木时，木柱支撑着家，树木种植在庭里，房屋和庭院就会结合成一个奇妙的空间组合。

　　如何的奇妙，且让我们看看一根木柱和一棵树木的关系。

　　当然，诗意是不适宜作这类的解剖。

木柱和树木

树木令空间充满
大自然的气息

木柱诠释着
人为的空间

大自然的存在与家的温暖（敦煌壁
画内的居室）

人类的文明未必会和自然背道而驰。且看左图。

这样我们便不单只会在人工（建筑）空间里感到大自然的存在，同时又会在大自然（树）的形态中感受到人为空间（房屋／家）的温暖。

这个到底是什么样的空间，实在说不上，但无论怎样，却是人工世界和自然世界的奇妙结合。

古人绝不可能在几千年前就刻意地在房屋建设上表现对大自然的浓厚感情，不过整个中国文化自始至终都带着这种情调。

说来有点不可思议，尤其是当现代人的家，连"庭"也放弃了的时候。

不 · 只 · 中 · 国 · 木 · 建 · 筑

第二章 —————————————— 伐　木

当歌曲和传说已经缄默的时候，建筑还在说话。

——〔俄国〕果戈理

几千年来，伟大的有巢氏还在说话。

现在大家都认为"他"是无数人，是长时间演变之后所附会出来的人。但我们宁愿相信真的有一个像有巢氏那样伟大的人物，带领我们从穴居走上利用木材的建筑之路。这样，我们的建筑便可以更添几分神秘的魅力了。

"伐木丁丁，构木为巢"，并不是中华民族的专利。若非寸草不生的沙漠（架篷帐）或冰天雪地的荒原（凿冰窟），每个民族都会利用木材来开始构筑他们的房子。在各个民族均纷纷由木材过渡到木石并举，甚至完全改为砖石结构时，唯独中国人却由始至终都一直钟情于木材的应用（一幢建筑物，木材往往占材料 70%，或更高的比例）。

叮叮叮

几千年下来，木建筑已变成中国建筑的同义词，并且广泛地影响着邻近的国家，在以石头为主的西方建筑以外，形成一个独立自足的建筑传统。

单从材料的选择来看，石头需要挖掘和开采，木头需要砍伐和培植。一个带着开拓色彩（石矿），一个倾向于配合自然（植林）。

以农业作为生产基础的中国，历代典籍都详细罗列各种木材的用途和官方的植林方案，一般平民百姓则以自己的能力和经验进行贮材的计划。

"储上木以待良工"，假如我们想象一下，当一个中国农民打算筹建一幢房子时，蓝图上的第一个点，往往是始于木材的幼苗，这个蓝图需要的是悉心灌溉。

种出来的

没有人比农民更加了解土地，他们在土地上种出五谷粮食，种出棉麻衣织，种出舟车器皿，居然也种出房舍家园来。

跟国家的庞大工程并没有太大分别，只是农民的建筑计划可包括更多的耐心和等待。由一颗种子到安居乐业是漫长的盼望，在树苗抽条长大的日子里，农民会利用农闲的时间，在晨曦和黄昏，到河滩用扁担将适合砌地基的石子挑到预定的范围内整平。

"基业"对每一件事都是重要的，农民可以好整以暇地慢慢挑选最好的石子，因为用来做椽子的树苗至少要五年才能长成，一般梁柱要十年，较理想的品种甚至要二十年方可成材。对现代人来说，这种贮材方式，实在漫长得令人吃惊。幸而很多时候，父亲的一代往往已预先替自己的儿孙种下良木，连同宝贵的经验留给下一代，一代一代地传下去。

伐木不自其本，必复生。（《国语·晋语》）根本

不移，薪火相传。

从运材挑土，到烧砖作瓦，整个家庭的成员都为共同的幸福而
努力。民间代代相传着一些经验累积出来的口诀，几乎每一个中国
农民都是业余的建筑师，其中总有一两个擅于修建门窗之类较复杂
结构的能手，一幢又一幢地筑建出整个村庄来。

邻里　伦理

直到今天，沿着长江上游，依然可以看到用
这种方法建成的小村落。人丁单薄的家庭会按能
力分期施工，春天先竖起屋架，等到秋收农闲的
时候才平顶盖瓦，又或者邀请左邻右里来帮忙，
通力合作把房子完成，这种可贵的互助精神，在
中国农村并不罕见。

较大型的建设固然是由城镇聘请工匠来修
建，否则一般农村的建设活动还可以邀请附近村
庄的亲友前来帮忙。来自溪头、水尾，来自五里亭、
七里店或十里铺，总之，就是不太远。

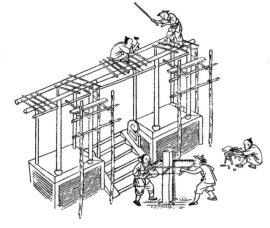

假如农村建设所用的主要材料不是木材而是
石头，涉及的开采技术和劳动力，就恐怕非三家
村的农民所能应付得了的。中国传统的紧密伦理
关系，也许亦会因建筑材料的不同而改写了。

资源和技术

拉 扯 歌

人之四角枋子随，　　　　明缝枋子丁字倍。
葫芦套在山瓜柱，　　　　相拉金枋不用揆。
一字檐金脊枋用，　　　　抱头单拐白行为。
若缝(逢)过河君须记，　　　落金泥并抱头推。
更有桁条易得定，　　　　平面拉扯按缝追。
两卷搭头及随倍，　　　　十字拉之不用赘。
唯有直板言何处？　　　　三卷搭头樑上飞。
若问三岔並五岔？　　　　拉定斗拱另栽培。

周原朊朊，堇荼如饴。（《诗经》）

周代的土地丰腴肥沃，连苦菜也带着甜味。

三千多年前的黄河中下游，气候温暖湿润，土地肥沃到苦菜也甘甜，林木当然茂盛丰富。

周王朝的头号人物是文王，第二号人物是武王。"文治"排在"武功"之上，明显表示"各有所安的囤田耕种"，比扩张征讨更适合这个民族的性格。

始于周代的"井田制"并没有持续很久，类似井田的格式可一直存在于建筑的平面图里。

井田

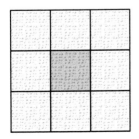

居中的是公侯拥有的田地，是一块由八户人家共同耕种的"公"地。公家、公共、公众的。

木制的耕具在土质细密松软到可以在风中飘扬的黄土平原上轻快地操作，一棵棵树木变成一根根竖立在这片土地上的木柱，然后变成一间间的房屋。有些人因此而认为，古代中国建筑在木料方面的突出发展，是因为石材缺乏的关系。

木材丰富纵或有之，石材匮乏却未必尽然，整个华夏文化所覆盖的范围并不仅限于黄河流域。长江两岸以及其他地方都不乏良好的石材，然而散布各地的建筑遗迹却显示中国建筑依然是以木结构为主。

资源是否丰富和技术水平的高低，并非我们想象那样理所当然。

匠心独运的伊斯兰教建筑师做出最好的示范给我们看，最优雅动人的水池并不是在水源丰富的地方，而是出自他们那个滚滚黄沙的世界里。

公元前一千五百多年，继承迈锡尼人入主巴尔干半岛的古希腊民族，在石材遍布的环境静待了八百年，直至从古埃及人那儿得到技术的启发之后（约公元前 7 世纪），才兴致勃勃地在石头上大展拳脚，兴建神庙。

资源不可或缺，技术更加重要。尤其是方便而又实际的技术。

也许让他来说说看，他是一个古代中国的农民……

当金属铁器工具还是雏生阶段的世代，处理木材的技术明显地表现得早熟，木材自然就成为最理想的主要材料（比起石头，实在容易处理得多），也就顺理成章地成为建筑的主流。

也许我们又会有疑问，在幅员广阔的中国，山峦阻隔，这种"主流"是如何流向大江南北的呢？事实上，木结构只是一个总体的概念，众多不同的地域、民族的建筑所呈现的不同面貌，还在等待一种强大的黏力，才能汇集成为一个"中国建筑"的大系统。

这种黏力是文字，以汉族为主使用的文字。

　　我是个古代中国的农民。

　　我长大了，在成家之前决定先造一间房子，一间为我将来的儿子做的房子。

　　我早看准了一个又方便、不当风、水源又好的地方，风好水好自然泥肥，泥肥自然树盛，哪怕少了起屋的木材。"千年柏，万年松"，要不然我可以和家人到山里拖回来，一次一棵，总有着落。

　　"草木未落，斧斤不入山林"，夏天农忙，天气又潮湿，砍到的材料准生蛊虫蛀，这刻秋收刚过，正好入山拖木。我的叔父是个木活能手，他已经答应来帮忙。一切顺利的话，在明年春耕落种之前就可以完成整个屋架，到时先用茅草盖顶围墙，将就应付着，然后再慢慢储钱铺瓦装修。我选的地方当阳，将来一定要开几个大窗，以后我的孩子尽可以在光猛的窗前念书写字，图个好出身。

　　那时候，讨个媳妇，添几个孙。我看准的地方，旁边还有大块空地，足够给他另造一间屋；或者搭个架子伸开去便多个房间，不愁住不下。

　　我喜欢几代同堂，过得热热闹闹。所以，我挑的屋地，就在我老爹的房子旁边。

不 · 只 · 中 · 国 · 木 · 建 · 筑

第三章

文　字

中国好大，要维持一种"共同的观念"，唯有文字。树木提供我们房屋，也教我们认字（木版印刷）。文字与房屋不相同，人和树木也不一样，放在一起看却十分有趣。木框架仿佛在写字，人才和木材都同样需要用心雕琢。起点刚好也是归宿。

bei mir zu hause   （德）

a casa mia   （意）

my home   （英）

ma maison   （法）

у меия дома   （俄）

在拥有 56 个大小不同民族，超过 200 种方言的中国里，只有一个写法：
我的家。

有一种现代的强力黏合剂，只要将胶剂分别涂在破裂的物品的断面上，稍等一会儿然后拼合，断裂的东西便可黏合如初。

历史也有她的黏合剂，一边涂的是"强力政治"，一边涂的是"统一文字"。

英国历史学家汤恩比在《汤恩比眼中的东方世界·符号与意义》中指出，西方文字源自古拉丁字母，在后世衍生出不同的独立文法系统，导致本来毗邻相依的地区，因为语言的差别而成为不同的国家。

文字在西方世界切割出各个不同的地区文化，而在中国则恰好成为不同地区文化的黏合剂。

秦始皇（前 259—前 210）

汉字（文化）一直写到
日、韩、越南及南洋等地，
最后就形成了东亚中国文化
的大系统。与文字同步进行
统一化的还有度、量、衡等
项目。普遍认为中国建筑的
标准体系是始于唐代，完成
于宋代。其实远在秦王朝时
已经打下良好基础，到日后
面对具有强大渗透力的外来
文化时，得以发挥强韧的综
合、融合力，而不会出现根
本的改变。

促成南辕北辙的民风融合起来成为多彩多姿的中国
建筑体系，很可能是一个人的功劳，他是中国第一个皇帝。

秦始皇的千秋功过，难以定论，他对知识分子没有
什么好感（焚书坑儒），但至今仍困扰着西方的文字统一
问题，却在他短暂的任期中完成了。

公元前 2 世纪，秦始皇统一江山，随即展开有计划
的都市建设，古籍记载："秦每破诸侯，写放其宫室，作
之咸阳北阪上……殿屋复道，周阁相属。"（《史记·秦
始皇本纪》）

征集天下每一个地方的巧匠良工，重建六国诸侯的
宫室，公元前 2 世纪的咸阳成为人类的第一个建筑博览
会，展览着当时天下各国最优秀的宫殿。各地的建筑技
术精粹，连同文字就从完善的公路网（驰道）辐射到国
家的每一个角落。

"上京赴考"一直都是民间故事的永恒主题。古代中
国文风之盛，任何国家都瞠乎其后，各地的精英经过多
年苦读，又陆陆续续地再汇集到京师来。

统一的文字在这个面积广达九百六十多万平方公里
的国家起了极奇妙的维系作用。早期的楚文化、魏晋南
北朝、南北宋、关外入侵、关内割据的势力，都足以令
中国一再站在无可挽救的分裂边缘上，将裂缝黏合的就
是文字。

不同的口音并不妨碍文字的同一涵义和精神，周代
的礼制，春秋时代的儒家思想，道家的大自然哲学，以
至佛教的人生观，黄河流域的中原文化通过统一的文字
写在每一个中国人的心灵上。当然，同时也一一写到建
筑的每一个角落上。紧接秦代的汉王朝，就为中国古代
建筑写下成熟灿烂的第一页。

线条

建筑其实是在天空中勾画着立体的线条。

奇怪，建筑要等到现代的金属框架结构上场，用冰冷的声音来宣布这个带着诗意的结论。

建筑和线条的关系其实一直都非常密切，卡洛林王朝（Carolingian）的字母和哥特式（Gothique）字母就和当时的建筑分享着同样的美学结构。

哥特式字母

每一个曾经接触过中国书法的人，都体验过汉字结构那种在平面上创造立体的"空间"意趣，都听过书画家强调"线与线之间"的流动、魅力和神韵才是书画艺术追求的空间所在。

对中国人来说，这种神秘的魅力并不陌生，传统中国的木框架

哥特式教堂

建筑，从竖起一根木柱，架设一条梁枋，到楣檩桁椽，无不是书画家所说那样，一笔一画，一撇一捺地"在天空中勾画"着，大家本来就活在优雅的笔画之中。

书法的影响竟会波及中国的建筑，好像是不可置信的。这种影响可见之于雄劲的骨架结构，像柱子屋顶之属，它憎恶挺直的死的线条，而善于处理斜倾的屋面，又可见之于它的宫殿庙宇所予人的严密、可爱、匀称的印象。

骨架结构的显露和掩藏问题，等于绘画中的笔触问题。

宛如中国绘画，那简略的笔法不是单纯的用以描出物体的轮廓，却是大胆地表现作者自己的意象，因是在中国建筑中，墙壁间的柱子和屋顶下的栋梁桷椽，不是掩隐于无形，却是坦直地表露出来……

只要看一看中国字部首的优美的斜倾像屋顶，当可见这不是纯粹作者的幻想。（林语堂《吾国吾民》第八章）

林语堂先生对推广中国文化不遗余力，一再强调中国建筑和书法在线条韵律上的共通点，无论这些有趣的观点是否属实，中国人擅于处理线条结构的趣味，却是显而易见的。

材皆可造

　　栽种、培养、锻炼和发挥，木材如是，人才亦然。

　　理论上，凡木材都有适合发挥的价值，当不上梁柱桁架，可以造窗棂障板。什么都不成，种在庭前园里招风弄月可也。

　　庙堂里，不是构件的木材而依旧受到重视的，是居中的木雕佛像；社会里，什么事情也不做而又受到赞扬的人，通常都是清高的隐逸之士。

　　现实中，总有些贵重到"什么都不适宜"的事物和清高到"什么也不做"的人物。说它"无用"，一点也不错。"贵重"和"清高"没有什么用，除了令人向往。

　　中国水墨画里巍峨挺拔的高山，很多时都会隐没在氤氲云雾里，这种手法叫做"收摄"——放出的情感到最后还是"含蓄"一点好。

　　用同样的观点去看最高水平的木建筑，就不难感受到那种"返回自然"的情调了。而巧合地"归隐田园"亦成为身居要职的知识分子的普遍心态。在累人的官场俗务之余，向挂在墙上的水墨山川投以向往的一瞥，感受出世的情怀，陶冶含蓄的素养，对中国文人来说，在"有用"的世界对"无用"的世界向往，正是一种完整人格的"寄托"。

　　看来人才和木材的确有相同之处。

　　小木散材谓之"柴"。有用之木为材，无用之木为柴。最不济的柴叫做"废柴"，当不在"材皆可造"之列。

　　凡木可分正木与脚木……脚木有八病，即空、疤、破、烂、尖、短、弯、曲。(《营造法式》)

　　"材，木挺也。凡可用之具皆曰材。"(《说文》段注)小径材可以联结成为大材。大材损耗，即可截为短材应用。最难堪的是小材无故大用，大材无辜小用。

　　"十年之计，莫如树木。"(《管子》)一块山野木材，经过砥砺琢磨，可以搭建成草寮、房屋、华厦，甚至成为最高级的宫殿。

　　"百年之计，莫如树人。"(《管子》)一个山野农民，只要肯努力向上，躬耕苦读，也可以经过重重选拔，直至晋身朝廷。

起点刚好也是归宿

自然的有机物料都会带着一种与生俱来的生命形态。成功的艺术品或多或少都在反映或配合着这种生命的意象。

古希腊神庙石柱上的凹槽，大小刚好可以容纳得下一个成年人的背部，令人看上去就多了那一份蕴含生命的亲切。

明代制砖业起飞，一般砖头的尺寸，每以双手拿起来"刚刚好"的感觉来定厚薄和重量。现代科技早已打破结构与形态的比例限制，计算器及腕表之类的产品可以不断缩小和袖珍化，最后大都还是保持在"刚好"的形态上，因为"刚好"令人欢愉（enjoyment）。

一根木柱和一根石柱的分别，除了重量和价钱之外，也在于它"刚好"是一棵树木的形态，是大自然替我们的家预先设定在一个"刚好"的系数上。

树干刚好是栋梁，弯曲的木料刚好成为月梁，截下的梢枝也刚好充作椽子铺顶，高低疏密，不知不觉的，刚好长成一间屋。

19世纪初的西方社会曾经掀起过一阵田园风，艺术家都殷勤地表现着乡村和自然的景致来舒缓新兴都市的繁嚣压力。一路远离，一路缅怀，直到今天。这种情怀，在中国有着更悠久的传统，朴素简单的建筑，在中国文人画里，既是人生的起点，也是生命的归宿。

房屋在传统的中国山水画中所占的比例很少，但却不可或缺。因为这些好像藏宝游戏般隐藏在山川里的简朴居所，正是中国艺术家企图与大自然融合的情感表白。

"惟恐入山不深"，请慢慢找。

不 · 只 · 中 · 国 · 木 · 建 · 筑

第四章 —————————————————— 高台

铜雀台，夯出来、唱出来，以鸣得意话高台。中国建筑的高峰不在高处。
神的空间固然尽善尽美，中国人却认为大未必佳。

河北省磁县南响堂山隋代石窟石刻
（《梁思成文集·卷一》）

〔唐〕杜牧《赤壁》
折戟沉沙铁未销，自将磨洗认前朝。
东风不与周郎便，铜雀春深锁二乔。

咏赤壁的诗词很多，以杜牧这一首最著名，"铜雀"是三国时
代曹操修建的高台。

话说建安十二年（207 年）冬，曹操率领八十万大军，浩浩荡
荡地沿着长江南下，打算一举歼灭蜀、吴的联军。在进攻前夕，曹
操对群臣夸下海口："今番得手之后，老夫定必一并迎娶大小二乔

……吾今新构铜雀台于漳水之上，如得江南，当娶二乔置之台上，以娱暮年，吾愿足矣。（《三国演义》第四十八回）

……西台高六十七丈，上作铜凤。窗皆铜笼，疏云日幌，日出之初，乃流光照耀。（《邺中记》）

两姊妹，养在新近在漳水河畔落成的铜雀台上，安享晚年，就心满意足了，嘿……嘿……"两个江南美人都是别人妻房，大乔是孙策夫人，小乔下嫁东吴大将周瑜。"嘿……嘿……"是曹操不可一世的笑声。

正当曹操豪情满怀地高唱着"对酒当歌，人生几何"时，一阵东风就把他苦心经营的连环船烧个透顶，也一并吹散了大小二乔的厄运。曹丞相，人生几何？逃之夭夭。

好一个"铜雀春深锁二乔"。文学替硝烟烽火的三国时代平添了一幕戏剧性的浪漫故事。被描写成乱世枭雄的曹操，文韬武略，自然未必会用江山来做美人的筹码。然而，显示当年曹魏赫赫军威的铜雀台，可确有其事。铜雀台历经曹魏、后赵、东魏、北齐，一路修建加高，直至明朝末年才毁于洪水，遗址就坐落于今天河北省临漳县（河北临漳县古邺城）内。

四方而高曰台。（《尔雅》）三千年的中国历史里，至少有一千年的时间，高台一直都是古代建筑的主流。

战国铜杯内的高台

大力夯出来

高出地面的夯土高墩为台，台上的木构房屋为榭，两者合称为台榭。

夯土的建筑技术由来已久，可以一直追溯至新石器时代。干燥的中原土质干硬，颗粒又细，稍加夯压便可成台。后来又发展出分层灌以糯米汁夯实，垒叠而起，干透之后，更加坚硬如石。

《周易·系辞》里记载尧的宫室是"堂高三尺，茅茨不剪"（台基在古代叫做"堂"），意思是一座筑在三尺土台上的朴素茅房。

以人力反复将工具（夯具）提起和降落，利用其向下冲击力将泥土（地基）压实。（《辞海》）

当时是记载中的美好大同世代（约公元前 24 世纪），俭朴务实如帝尧的宫室，用参差的茅草搭建的草寮，也得比别的高三尺。

尔后帝王及特殊阶级的屋宇，一直都是以堂的高低来识别。

三尺、五尺、七尺、九尺地按等级递增，平民则服服帖帖地在平地上。

中国现存最高的古建筑是塔，在昔日是堆积得像山一样的高台。

高台建筑的高峰期是由春秋到秦汉，那是诸侯扰攘的时期，每个独立势力都竞相以高台标榜自己的实力，和现代各大企业以高楼大厦来显示财雄势大的情况没啥分别，于是台能多高便有多高了。

自春秋至汉代的六七百年间，台榭是帝王宗室、宗庙常用的建筑形式。最早的台榭规模不大，有柱无壁，作眺望、宴饮、行射（榭从射，有军事建筑的意义）之用。发展到春秋时代，地方势力竞相追求雄伟的建筑形象，采取倚台逐层建房的方法以取得宏大的外观。（《中国大百科全书·建筑卷》）

台榭有时筑于天然高地，有时于人工夯土台上，有时更在台上加建较小的台，居高临下，气势逼人。在楼阁出现之前，台榭既是

天子之堂九尺，诸侯七尺，大夫五尺，士三尺。（《礼记》）

政治威仪和军事实力的象征，同时又具有防水漫淹，保持建筑结构通风干爽、接收阳光、防卫瞭望的实际功效。

《五经异议》说天子有三台：灵台以观天文，时台以观四时施化，囿台以观鸟兽鱼鳖。诸侯可以筑时台、囿台，看风景鱼鳖，但不能够有天文台。看天，当然是天子的专利。

夏桀有瑶台，商纣有鹿台，周文王有灵台。

舞榭歌台，历史上的好皇帝、坏皇帝都少不免来个"高台榭，美宫室，以鸣得意"（《国语·楚语》）。

齐声唱出来

捄之陾陾，度之薨薨，筑之登登，削屡冯冯。（《诗经·大雅·绵》）

陾陾……薨薨……登登……冯冯，都是盛载、搬运、倾投泥土、修筑凿削墙壁的热闹和声音，万人齐唱、鼓声不绝的壮大场面。

《淮南子》里面说"今夫举大木者，前呼邪许，后亦应之；此举重劝力之歌也"。邪（音耶）许即是——Yeah-Uh——之类的齐声呐喊。

如果说房屋是种出来的，那么高台便是唱出来的了。

周天子广得民心，歌声自然愉快激昂，与灵台一起唱入云霄。吴王夫差不惜与大臣（伍子胥）吵架，一意孤行，为庆祝得到西施而建姑苏台。气得伍子胥把眼睛也剐出来，摔到宫门上，据说以后大门上的圆钉，其中两颗便是他的眼珠子，圆滚滚的要看吴王的收场。筑建姑苏台的夯歌就恐怕悲怆得多了。

汉武帝动不动就修建通天台、通圣台、柏梁台，想念太子时就来个圣思台。当然也包括上面提到曹操那个很有"夫差"作风的铜雀台。

凡英雄者，少不免要当众豪迈，秦始皇就起了一个四十丈高的鸿台，弯弓射飞鸿。（《三辅黄图》）他的阿房宫更不得了，仅是前殿已经可以万人齐集，实在巨大得惊人。

东西五百步，南北五十丈，上可以坐万人，下可以建五丈旗。周驰为阁道（架空走廊），自殿下直抵南山。（《史记·秦始皇本纪》）

历来都不断有人埋怨楚项羽把阿房宫烧掉，其实就算楚霸王不发火，阿房宫料亦难逃湮没的下场。按不论东方或西方，每当新旧政权更替时，都会有烧毁上一个朝代的建设，以示新开始的习惯。只不过西方帝王象征式的一把火，在中国则硬是要彻彻底底地烧掉（把上一个朝代的"王气"根本处理而后快）。于是，古代所兴建的大小高台都无一幸免。包括这个动员七十多万人，一起陕陕……薨薨……登登……冯冯……耗尽四川山峦林木的阿房宫（其实只是整个建筑计划的前殿），被大火足足烧了三个月。在两千多年之后，只剩下今天西安市郊的一个面积差不多七十万平方米的废墟了。

走下高台才是高峰

乱哄哄的诸侯干戈，在魏晋的清谈声中偃旗息鼓。古代的"高台热"在群雄割据迈向大一统的气候中回落，个别高台的政治威仪象征逐渐由整个城郭所代替。与天比高的壮志变成了横向展开的雄图伟略。

《列女传》内的高台

将高台这种凝聚在一个点上的建设代之以全面性的都城计划，情况类似将一栋实心的高楼拆开变成一群分布在平地上的建筑一样。这种做法无论在经济效益上，还是在施工方便程度上都大大提高了建设的效率。于是在秦汉之后，高台建筑就开始逐渐走向较平缓的群体建筑结构，古代建筑技术开始迈向成熟。

企图用规律来了解历史的发展并没有什么好处，这一次传统中国建筑真正的"高峰"就选择了在"平地"上演。

高峰当然便是令每一个中国人都感到愉快的大唐帝国了。唐玄宗本来也打算起个望月台与杨贵妃双双过一个腾云驾雾的中秋，最后亦因为安禄山捣乱而作罢。自此，中国建筑的高台"意识"就被制约在群体建筑的布局之内，为相对地突出主体建筑的气势而设，或是用来强调景

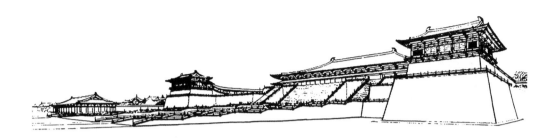

兼具高台和群组气魄的唐代宫殿建筑大明宫含元殿复原图
此殿建筑于龙首原高四丈多的高台上，殿前有三条七十余米长的龙尾道，壮丽巍峨。

观的中心点和远眺守望而应用。

唐代之后将临水或建在水中央的建筑物称为水榭，但已是一种和当初讲求气魄的台榭完全不同的观赏性建筑类型了。

当中国建筑由高台缓缓下降至平地，然后向四面展开时，西方人在建筑技术开发的过程中，正不断向高空发展。闹哄哄的，我方唱罢你登场，大家擦身而过，走向不同的方向。

神的空间

古希腊人说，太阳神阿波罗座下有九位司职各种文艺美术的缪斯女神（Muses），后来专为她们宠幸人间而设的建筑物就是"缪斯庵"（Museum——艺术馆）。建筑不但容纳艺术，同时也是艺术。

雅典帕特农神庙

　　建筑有很强的综合力（将不同种类的艺术弄到一起的能力）。墙壁绘上壁画，梁柱变成雕塑，门窗加上图案浮雕，中国人甚至连文学也可以在楹联匾额上发挥出来，再者建筑物的内外空间，也可以展示及上演各种类型的艺术。

　　纵然这样，建筑物本身仍很少像绘画、文学那样带着强烈的"情绪"效果，我们至少不会贸贸然对着一栋建筑物"悲痛"或"狂喜"一番。原因是建筑是一个和世俗生活连结的空间，也正是这种"现实性"，建筑艺术就"正面"地表现着每一个时代的生活习惯、技术水平以至精神信仰的面貌。

　　既然建筑和生活的关系这么密切，我们也因此可以从建筑物与实际生活的距离去理解不同的建筑形式和风格。距离越大，效果就显得越超现实。

　　建筑的目标一旦是彰表非人间（超人）的力量时，建筑效果就会以凌驾一切的姿态从环境（自然）中突出，发挥慑人的超自然力量。仰望着这些庞大的建筑，令人感到无比的伟大，也令人感到震撼和压迫。

　　想象一下，10世纪时拥挤在哥特式教堂脚下那些人畜同住的简陋房子。建筑在这种情况下，完全是属于神灵的。

古埃及的金字塔
严格来说，硕大的金字塔并非建筑（因为里面并没有合理的建筑空间），而是一个用建筑技术所制造的超级保险库，埋葬在里面的是帝王（法老）的无限权力和整个民族的精神信仰。

中世纪欧洲的哥特式教堂
经过无情战火洗礼之后的欧
洲，大教堂粉饰得好像一个硕
大无匹的珠宝箱似的，在满目
疮痍的窄街小巷中向上飞腾，
象征超人间的宗教力量，给予
长期饱受战争蹂躏的平民百
姓，对生活的信心和盼望。如
果说金字塔是一个保险库，大
教堂就好像一本立体的《圣
经》，一本全城人都可以走进
去的《圣经》。

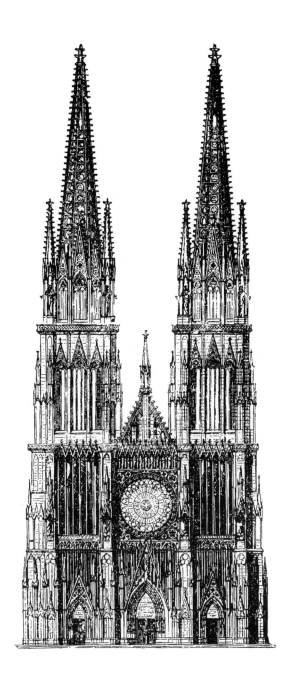

大未必佳

西方建筑艺术的最高成就，体现在他们的宗教建筑（教堂）上，而中国人的建筑艺术则在最高等级的府第（宫殿）上得到最大的发挥。

在中国，"人"与"神"所居住的地方，在本质上根本就没有分别，佛寺的"寺"，沿于官方的行政机构。道观的"观"字，则带着瞭望的意思。

释门、道士纵然崇拜对象不一，建筑格局却相同，神灵居停活动的"家"和人的家同样有前堂后院，亭台楼阁，一样有花园水榭。历来都有富人将府第捐献出来作为庙宇的例子，亦有人住进寺观的情况出现。私人在家设置静室佛堂，功能和意义与亲临庙宇完全一样。佛道讲的是心性祥和，故名寺古刹并没有周日会例，并且大多远离繁俗的闹市，隐遁在郊野和高山之中。一般在闹市的庙宇，除了供大家崇拜之外，兼具世俗的市场功能（庙会）。

从民间建筑发展出来的帝王宫殿，带着很浓厚的现实性。代表最高权力的主体宫殿固然巍峨壮丽，然而就算以最好的材料和最精巧的技术（一部中国建筑发展史，几乎就是一部中国的手工艺发展史）来建设皇帝寝室，并不见得会比一般寻常百姓的房间大很多。

倘若不理解"传统中国建筑空间的尺度，是以人的现实需要来厘定"的话，我们大概会对清代高宗皇帝（乾隆）精心经营的三希堂大惑不解了。用"庞大"来"震撼"别人犹可，自己生活的空间，还是以"精"和"雅"为尚。

西方人心目中的美术，只有绘画为中国人所承认。雕塑、建筑以至工艺品都被视为一种匠人的工作，艺术是诗意的（情感上的）而不是物质上的。（〔英〕弗莱彻尔《比较法建筑史》）

故宫太和殿

养心殿三希堂
清高宗弘历（1711—1799）以收藏东晋书法家王羲之的《快雪时晴帖》、王献之
的《中秋帖》及王珣的《伯远帖》来命名三希堂。由两间小阁组成，每间只有四平方米，
楠木雕花窗格中间夹透地纱。

　　在很长一段时间里，中国人并没有刻意将建筑视为艺术的一种。
"刻意"包含着违反自然的人为成分，在汉字里，"人"、"为"并在
一起便是"伪"，为人所不取。建筑于是就在人工和自然中间，发
展成为一种人神共存的面目。

　　"南朝四百八十寺，多少楼台烟雨中。"在同样的空间里，既萦
绕着宗教的永恒意味，也传出婴儿呱呱坠地的生命呼声。神的空间，
人的尺度，这便是中国建筑。

不 · 只 · 中 · 国 · 木 · 建 · 筑

第五章 —————————————————— 标　准

标准唯价钱，都靠一部专书和一个单位。

换房子如换衣裳，效率高的结果是建得多、拆得快。石头当木头。

　　至今为止，世界上真正实现过建筑设计标准化的只有中国的传统建筑。(梁思成《中国建筑史》)

标准的价钱

　　建筑要标准化，基本上是要对材料的性质和施工的步骤有透彻的了解，汇集各种不同的技术，制订出一套大家都认为最合适可行的办法，此外当然少不得的还有……标准的价钱。

　　价钱不标准，工匠怎会乐于拿出压箱的手艺，愉快地参与?!

话说古代中国的国家工程，一直都是采取徭役制（政府按地区人口户籍来抽调人丁），民间百姓面对强制性的服役，谈不上有何积极性。唐代安史之乱，各地人民四散逃荒，户籍制度难于维持，连带徭役制也陷于瘫痪。当局为了招徕技术人才，于是就实施了一种妥协性的"和雇"招工制（公开招募或官民双方议定工酬）。这种两厢情愿的方法，果然有效地提高了工匠参与劳动的兴趣。

到了宋代，政府更采取"能倍工即偿之，优给其值"的奖赏政策，生产及营造业受到鼓舞，越发蓬勃起来。庞大的生产工程要求运作效率，分工越来越细。为了适应不同等级及酬劳，手工业生产以及各种营造工程，就此走上整体规格化和等级化之路。

诞生标准和制度的母体，原来是一片混乱。

建筑要标准化并不困难，只是唯有中国实现过。

"标准"显然不妨碍天才的发挥，反而可以使不是天才的水平不致太低。

真正需要忧虑的是僵化。僵化，谁都害怕。

1914 年德国工业界在科隆召开大会，议题是生产设计标准（Typiserung）。正反双方激辩不休，结果大家都知道，德国凭着"标准"的效率，在短短十年间就"超法赶英"，成为欧洲工业强国。

标准化没有什么不好，大家正在看的这本书就是标准化的印刷，否则成本恐怕要昂贵百倍。

用标准的字体印刷出来的书籍，也不会妨碍我们对知识的好奇和感情。

欧洲文艺复兴之所以那么兴旺，其中一个重要原因就是人人有机会接触用标准字体印刷出来的书本。

帕特农神庙就是一座基本上依据标准规格来兴建的建筑。

一部建筑专书

《营造法式》背景

北宋中叶，皇家率先进行各种宫廷园囿的铺张建设，举国上下都刮起一阵挥霍强风。

宋仁宗时期，开先殿有一根柱损坏了，当时负责的官员舞弊营私，虚报物料费达一万七千五百多缗（一千七百五十万余文），照当时税收比例，整个国库的全年总收入只勉强抵得上一千根木柱，可谓贪污到家。

这个正是《水浒传》内所说那种"逼上梁山"，也是包青天和贪官污吏角力的时代。到了著名的改革家王安石拜相，眼见国家财政每每因为"不知法度"（胡乱花费）而陷入困境。加上唐末战乱，林木大量损耗，为了防止经济进一步崩溃，于是径将工程营造拨入理财的范围，严加监管。

《营造法式》就是在这种背景之下出现的建筑工程指导大全，由宋代国家工程总监（将作监）李诫负责编修，至今仍然是中国古代最完备的建筑百科全书。

北宋熙宁年间（1068—1077年）开始编修，元祐六年（1091年）成书，但内容及编制混淆凌乱，形同虚设。绍圣四年（1097年）李诫奉命重修，这一次历时三年，于元符三年（1100年）成书，崇宁二年（1103年）颁行各地。《营造法式》在北宋灭亡后一度佚失，幸而在南宋绍兴十五年（1145年）被寻回。

内容

全书三十四卷，将营造工程清楚地分为壕寨、石作、大木作、小木作、雕作、旋作、锯作、竹作、瓦作、泥作、彩画作、砖作、窑作十三个工种。将传统理论重新整理，统一散乱的构件名称，清楚地制定各种建筑物定例、制度、图样制作、工料原则、人力分配等标准。

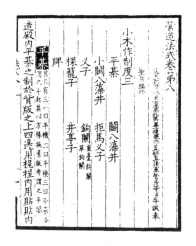

《营造法式》是中国建筑史上最重要的著作

成就

李诫首先针对国家工程"用料太宽（浪费），关防无术（舞弊）"的情况，进行古籍及传统技术的考证，亲自与工匠讨论各种施工步骤，将新旧可行之法整理出三千五百五十五条标准则例。

此外，李诫又率先以夏季为长工，春、秋两季为标准工役，冬季为短工。各类加工均施行以材料性质及地区远近为依据的给俸制度。

《营造法式》除了将上承隋唐的建筑技术和经验做了一次全面性的整理之外，最可贵的就是将古代建筑技术中的标准模数制（材）作详尽说明，令后世可以知道当时建筑标准系数的内容。

一个建筑单位

材

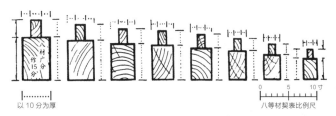

单位名称叫做"材"，这是《营造法式》内所记载的基本建筑尺度单位

中国古代的建筑工匠，至迟在唐代已摸索出梁、柱在用料及结构上垂直和水平的最理想比例，同时又找到圆木中锯出扩弯强度最大的矩形截面为 $\sqrt{2}:1$（约 $3:2$）。再以整栋建筑重复得最多的构件——斗栱为基数，并用栱高作为梁枋比例的基本尺度"材"，按比例来计算出整座建筑物每一个部分的用料和尺寸。从地基到屋脊都在整个计算范围，如此一来，整栋（甚至整群）建筑物都在严格的比例统筹之下兴建，任何一个细微改动，其余部分都会相应作出调整。

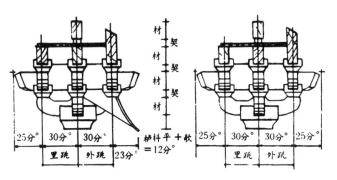

斗栱构件的标准断面（材、栔）作为整栋建筑的设计模数（module）

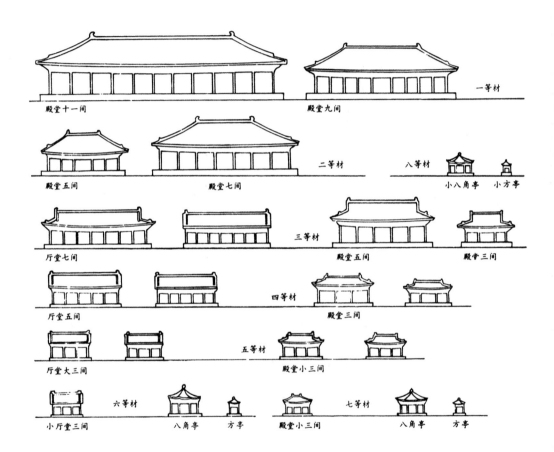

《营造法式》内以材为标准的不同建筑等级

标准建筑模数的优点

　　1．杜绝原料浪费；经济预算得到保障；保证建筑物在一定的质量下完成。

　　2．可以预先制作各种构件运送至工地，或拆运成批宫殿，易地重建。

　　3．可以多座房屋同时施工，标准构件亦可随时替换及翻新。

　　4．便于计算材料及预制构件，大材损耗即可截为小材，重新应用。

　　5．施工效率大大提高。

第一等　　　　　第二等　　　　　第三等

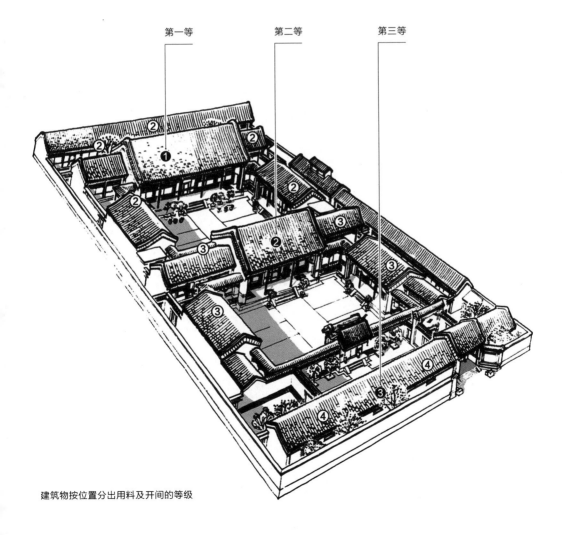

建筑物按位置分出用料及开间的等级

营造速度

中国在 6 世纪开始，重大的建筑工程已普遍采用模型设计方案，审定后由专人负责依照模型放大施工。

清代圆明园建筑模型

当罗马帝国的首都仍然处于七个小山之间的台伯河畔时，面积比它大四倍的汉代长安城已是一个人口超过百万的超级城市。

隋代一手包揽兴建大兴（长安）及洛阳的著名建筑师宇文恺，就以惊人的速度，在短短一年中就完成了当时世界上规划最庞大的城市的兴建。

前 221—前 210	〔秦〕阿房宫、渭水长桥、骊山陵、长城、驰道	11 年
前 202—前 200	〔汉〕长乐宫	2 年
662	〔唐〕改建大明宫（包括十余座殿堂）	1 年
700	河南嵩山三阳宫	3 个月
前 518—前 460	波斯 Persepolis 的百柱殿	58 年
前 174—132	雅典奥林匹克宙斯神殿	306 年
1506—1626	罗马圣彼得大教堂	120 年
1675—1710	伦敦圣保罗大教堂	45 年

参考《中国大百科全书》《华夏意匠：中国古典建筑设计原理分析》

目前全世界最伟大的木构建筑宫殿群，北京的紫禁城亦在十四年内（1406—1420 年）竣工。明代初期只用了四年完成改建北京城、太庙的工程与总数 8350 间房屋的十个王府官邸。

以速度而论，西方的大教堂工程实在缓慢得厉害。不过，我们当然要知道，紫禁城是一个散布在 72 万平方米的宫殿群，可以同时动员接近 30 万人，全部工程几乎都是同一时间分头进行，而圣彼得大教堂则是用了大部分时间来考虑如何支撑直径 42 米、高达 138 米的教堂穹顶。形式不同，材料不同，成就也各有千秋。

古代中国也有持续性的工程，那就是从魏晋时代开始一直至元代，足足一千年间几乎没有间断的敦煌莫高窟。

城市面积比较		
前 202	〔汉〕长安内城	35 平方公里
493	〔北魏〕洛阳	73 平方公里
583	〔隋〕大兴、〔唐〕长安①	84.2 平方公里
605	〔隋唐〕洛阳	45 平方公里
1267	〔元〕大都	50 平方公里
1366	〔明〕南京②	43 平方公里
1421—1553	〔明清〕北京	60.2 平方公里
300	罗马城	13.68 平方公里
477	拜占庭	11.99 平方公里
800	巴格达	30.44 平方公里

参考梁思成《营造法式注释》(卷上)《罗哲文古建筑文集》《中国大百科全书·建筑卷》

① 〔唐〕长安是人类所曾建筑过有城墙的最大城市。(承天门前大道宽 450 米,长 3000 米)
② 〔明〕南京城 43 平方公里,周长 55.3 公里,外廓长达 103.7 公里,是当时世界上最大的砖石城市。

36 个字的计划

约公元前 5 世纪的《春秋左氏传》内有一段关于营造的文字:"计丈数(面积),揣高卑(高度),度厚薄,仞沟洫(挖掘),物土方(材料),议远迩(运输),量事期(施工期限),计徒庸(人手),虑财用(经济预算),书糇粮(膳食),以令(颁报)役于诸侯(分工)。"总共才 36 个字,已囊括各个主要项目,相信这是世界上最精简的建筑计划。

灵活处理

北宋(10 世纪)年间,皇都汴京失火。负责重建工程的官员丁晋公,在宫前街道挖掘取土应用之余,将坑道挖往汴河,顺势成为一条可供运载建材的船只直接航行到宫门外的运河。俟整个工程完毕之后,再将剩下废料堆填运河,恢复街道旧观。

　　一举而三役济,计省费以亿万计。(沈括《梦溪笔谈》)

春秋末年齐国的工艺官书,其中"攻木之工"中"匠人"一节,记录了古代建筑师的三个主要职责:(一)选择都城位置,测量方向(建国)。(二)都城规划,设计王宫、明堂、太庙及道路(营国)。(三)划田、水利、仓库以及有关的附属建筑(沟洫)。(《周礼·考工记》)

房子如衣裳

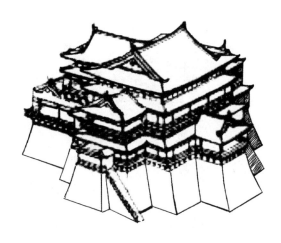

重建了 28 次的滕王阁

轻便的木材加上标准模数的效率，令每一代都可以迅速建成华丽的建筑群。加上传统上政治与形式一致的观念，又使每一代的执政者都毫不考虑就拆卸或改建上一代的工程（甚至包括衣冠服饰），建得快，拆得更快。

木建筑的天敌是火灾和虫蚁侵蚀，然而优质的木材，如果妥善保护的话，寿命往往可达到一二千年之久（例如五台山的南禅寺和佛光寺，至今已超过一千年）。向以讲究传统"不朽"著称的中国人，对建筑物却出奇地勤于翻新和改建。像根据季节更换衣裳一样，著名的滕王阁竟重建了 28 次之多。

朝代更替如是，一些喜庆节日，亦成为重新建筑的借口，再加上天灾人祸，能够成功地完整保存下来的古代木构建筑也就寥寥可数了。

明代造园家计成在他的《园冶》中说："固作千年事，宁知百岁人，足矣乐闲，悠然护宅。"

不着意于原物长存的观念……视建筑如被服舆马，时得而更换之，未尝惠原物之久暂，无使其永不残破之野心。（梁思成《中国建筑史》）

与其为千年大兴土木，毋宁为匆匆人生而求安乐。这多少代表着一般中国人对建筑所持的态度。假如建筑结构是要求高度的稳固性时（城郭），又或是建设的目的是千秋万载的时候（陵墓），便会利用石头来兴建。人住的建筑，还是用木材好了。

仿木石构

    木材技术的发展不但影响结构以及速度，同时更加深古代中国人对木建筑造型的审美倾向，影响所及，连带各种石造建筑亦普遍出现模仿木材结构的现象。加上由于缺乏理想的黏合沙浆的关系，石材连接的地方会因自然温差而错移，故在处理石头时亦采取木材的榫卯嵌接技术，无形中就限制了石造建筑的进一步发挥。

    纵然如此，在适当的时候，中国人亦乐于显示他们在石建工程方面的骄人才华，例如众所周知的长城，卓越的陵墓石穹技术，高耸的石塔和著名的隋代安济石拱桥。

    明代之后，制砖业开始蓬勃，民间逐渐出现以经济实用为主的砖构房屋，性质犹如今天格式化的公共屋宇，拆卸改建的速度，并不比木构建筑缓慢。

    到了清代，建筑图则（样房）及材料评估（算房）已经成为专职的独立部门。工程运作发展到完全制度化的阶段，建筑终于要面对着"过分标准化"（僵化）的危机。然而，也正因为是这种牵制，清代建筑就由独立的"标准单体"走向灵活的群体空间组织的发挥上。值得庆幸的是今天我们仍可以在北京紫禁城、承德避暑山庄和曲阜孔庙三大建筑群感受到那种大手笔的空间布局成就。

> 牌楼之发达……俱以木牌楼为标准，分件名目，亦唯木作是遵，甚至施工下墨，每有木工参与其间……
> （刘敦桢《刘敦桢文集》〔一〕，中国建筑工业出版社，1982年）

宫殿用材

樟木制作飞檐椽、翘椽、
山花、博风和雀替

柏木（或楠木、
樟木）制作斗栱

杉木制作檩条、
圆椽和望板

楠木作梁、柱
和门窗装修

松木制作
连檐、瓦口

柏木、榆木制作
地丁和桥桩

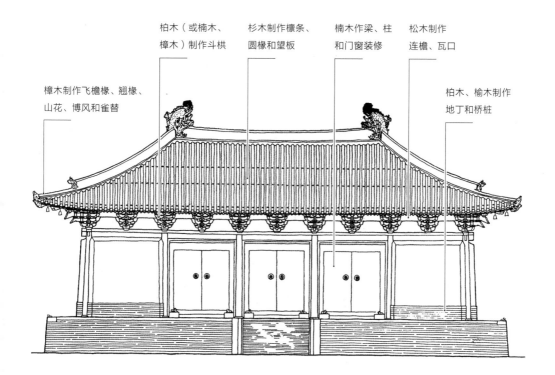

宫殿、陵寝和坛庙等高级建筑
应用

明代的统治阶级非常奢侈，兴建重大建筑工程都要从四川、湖广、江西、浙江等地采办楠木、樟木、柏木、檀木、花梨木及桅木、杉木；从山西、河北等地采办松木、柏木、椵木、榆木和槐木等大量木材，以应工需。

明初曾使用了许多大尺度的材料，例如天安门和端门的明间跨度长达8.5米以上，跨度是空前的。昌平明长陵祾恩殿用直径达1.17米，高14.3米的整根金丝楠木柱，尺寸之巨大是国内罕见的。

入清以后，宫廷工程由于缺乏巨大木材，不得不用小块木料拼接成柱子和梁，外加铁箍拼合成材……清朝营建大项工程，由于缺乏楠木，乃转向大量使用黄松作主要建筑材料，这是明、清两代在大木用材方面的显著差别。（罗哲文主编：《中国古代建筑》，上海古籍出版社，1990年）

《营造法式》内的木柱包镶拼接技术

北京故宫太和殿内那些直径 1.5 米、高 13 米的金龙柱就是利用这种技术拼合而成的。

量材而用

　　清代李斗在《工段营造录》里列出木材的重量来分等级，以每一尺见方为准，越重者，越高级。像铁梨、紫檀等珍贵木材，纤维细密坚硬到媲美金属，重到遇水即沉，虫蚁不侵，价值与黄金不遑多让。

桅杉	20 斤
椴木	20 斤
杨柳	25 斤
楠木	28 斤
松墩	30 斤
楠柏	34 斤
槐	36 斤 8 两
北柏	36 斤 8 两
檀木	45 斤
黄杨	56 斤
花梨	59 斤
铁梨	70 斤
紫檀	70 斤

木材的优点

1. 以重量比例，往往比含钢在内的其他物料更加坚固。
2. 便于加工。浮水，运输方便。
3. 优良隔热物质，冷热气候不会造成严重影响。因为"冬暖夏凉"，故在寒冷地区的木屋成为最温暖的房子。
4. 纹理可塑性高，灵活适应流行造型。
5. 经济成本低。富于变化，可以再生，在合理的林木经营下，供应无虞居多。
6. 小径材可联结成大材。
7. 以防火剂浸渍处理，则具耐火性。工厂中使用大型木结构建筑物，火险的保费率比钢结构建筑物更低廉。
8. 小心使用及保护，不会劣化。
9. 有即时出售之价值。

（《大美百科全书》*Encyclopedia Americana*）

不 · 只 · 中 · 国 · 木 · 建 · 筑

第六章

结 构

～～～～～～～～～～～～～～～～～～～～～～～～～～～～～～～

同样的窝壁和窝盖，中国人把屋顶抬起来。

木框架建筑的几种主要形制，几个比结构还有更多含义的主要名词。

构件的衔接，不落别处话榫卯。上梁的祝福，由我木匠说。

～～～～～～～～～～～～～～～～～～～～～～～～～～～～～～～

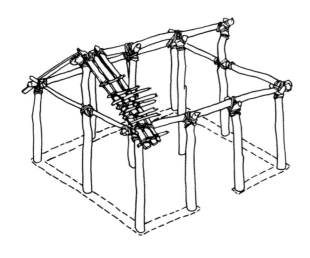

窝壁和窝盖

　　中国人以谦虚为尚，向别人介绍自己的家时，每多以"窝居"来形容，很有一种"实在既原始且简陋，请多多包涵"的意思。然而，不论中外，只要是房屋，最初其实都是源于既原始且简陋的"窝棚"。

左：早期西方人的房子。窝棚简陋，屋顶便是屋身，屋身便是屋顶。

中：约 7000 年前的半坡文化遗迹复原图（在今西安）。

右：顶盖当然还在，只是很多时候都含蓄地隐退在墙壁的后面。

以"窝棚"作为起点，在以后的日子里，我们看到西方人兴致勃勃地将窝壁加固，而中国人则倾向于努力地把窝盖扛起来。

窝壁的故事最后演变成为一堵堵巍峨壮丽的石头墙壁，发挥着围护和支撑的功能。房子的体积越大，墙壁就越发厚重，同时担当着支撑和围护的角色，变成辉煌巍峨的"立面"（facade）。

这种利用石块堆叠厚墙的建筑，是典型的贝壳式结构（shell structure）。在钢筋水泥出现之前，石头的负重力一直都是向高空挑战的最佳材料，建筑物堆叠得越高，墙壁就越厚重，外观充满力量，内部空间则会因墙壁的体积而受到牵制。

最著名的例子是古埃及人的金字塔，一个用超过 30 万块从 2 吨至 30 吨的石块堆叠起高达 147 米的庞大结构，可见石头的受压力是多么的惊人。假如金字塔不是陵墓的话（陵墓毋需考虑内部的活动空间），以这样的体积和高度而言，内部的空间处理将会构成一个很大的技术难题。

利用竖柱将屋顶撑高

至于窝盖的故事，则发展出一套轻巧的支撑技术，小心翼翼地把整个窝盖抬起来。传统中国的木框架建筑就是利用梁柱，像骨骼（skeleton structure）般支撑着庞大的"屋顶"。

此外，我们还可以看到木框架建筑墙壁的围护功能，往往出现与覆盖（屋顶）分离，后退到建筑组群（院落）的最外围的迹象。建筑物原本墙壁的地方，变成了有墙之形、无壁之实的通透屏障。建筑物的内部与外部空间，非但不构成绝对的隔断，而且更可以互相渗透。

将建筑空间围拢或分散，这两种倾向就构成了人类建筑历史上两种截然不同的体系。有趣的是以石头墙壁负重为主的房子，最沉重的可是墙壁本身而不是屋顶；而致力于框架支撑技术的建筑物，最瞩目的地方却非屋身的框架而是金碧辉煌的屋顶。

大家常常以"墙倒屋不塌"来形容中国的木建筑。其实支撑起屋顶的根本就不是墙壁，而是由柱网梁枋所组成的框架。道地的木建筑，屋身的墙壁都轻巧得可以又装又拆，墙倒了自然"屋不塌"。

谁谓雀无角？何以穿我屋？……谁谓鼠无牙？何以穿我墉？（《诗经·国风·行露》）

若非墙壁轻巧通透，翩翩乳燕又怎可以穿堂而过！

这是秦代瓦当上所看到的结构。（将顶盖作最大程度的保留，发展支撑技术，把覆盖的部分逐渐抬起来。）

木建筑的结构

好简单

　　木框架的原理和砌积木差不多，将四根柱子竖起，加上盖顶，便是一间房屋的雏型。分别是：积木是游戏，房屋是工程。

经过了

　　安居之所当然不能够马虎，经济实用最好，但也得顾及身份、气派。于是很简单的结构就变成一点也不简单了。

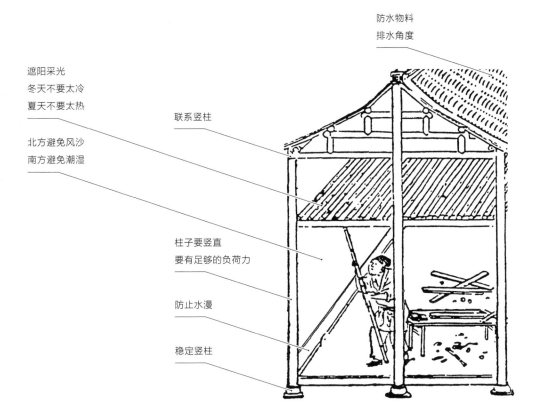

防水物料
排水角度

遮阳采光
冬天不要太冷
夏天不要太热

北方避免风沙
南方避免潮湿

联系竖柱

柱子要竖直
要有足够的负荷力

防止水漫

稳定竖柱

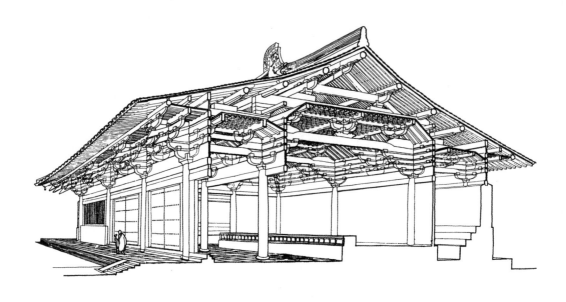

"窝棚"终于发展成为华厦
唐代佛光寺大殿（9世纪）结
构图

就出现

　　欣赏一部漂亮的轿车，和打开它的引擎来研究，心情当然不
一样。

　　不过这次有点不同，因为这个"引擎"是外露的。木建筑的框
架结构，为了保持木材通风及便于更换构件，故此玲珑剔透，一目
了然，而且可观性十分高。

　　很多现代建筑物蓄意将结构外露，目的就是展示结构上的成就。

　　不同的地域气候，木材品种都有不同的处理方法。中国有56
个大小不同的民族，每一种不同的生活习惯都足以发展成为独立的
结构形式。建筑涉及专门的工程知识，这里只是简单介绍几种主要
的结构类型。

　　中国在汉代（公
元前2世纪）就已经
出现古代木构架的主
要形制。动辄以"只
不过是一种顽固的惰
性"来看这些延绵不
绝地沿用了超过两千
年的结构，实在是不
可原谅的轻率。

主要形制

（一）穿斗式构架

　　直接以落地木柱支撑屋顶的重量，柱径较小，柱间较密。这种办法应用在房屋的正面会限制门窗的开设，做屋的两侧，则可以加强屋侧墙壁（山墙）的抗风能力，而且培植原材的时间较短，选材施工都较为方便。在季候风较多的南方，民居一般都使用这种结构。由于竖架较灵活，一般竹架棚亦会采用这种结构。

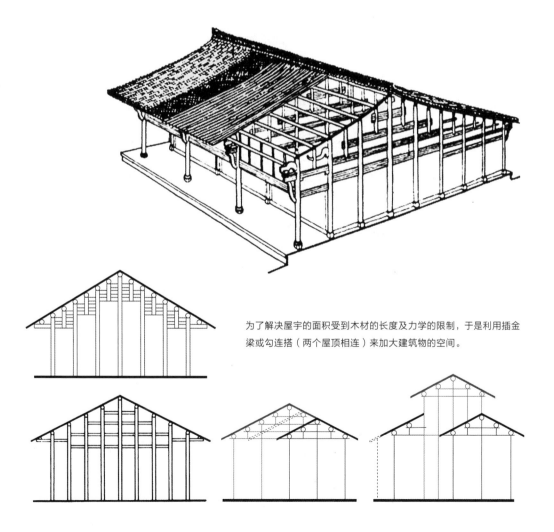

为了解决屋宇的面积受到木材的长度及力学的限制，于是利用插金梁或勾连搭（两个屋顶相连）来加大建筑物的空间。

（二）抬梁式构架

　　是一种减省室内竖柱的方法，相信是从穿斗式结构发展出来的。屋瓦铺设在椽上，椽架在檩上，檩承在梁上，梁架承受整个屋顶的重量再传到木柱上。抬梁式构架的好处是室内空间很少用柱（甚至不用），结构比穿斗式开扬稳重，屋顶的重量巧妙地落在檩梁上，然后再经过主力柱传到地上。这种结构用柱较少，由于承受力较大，耗料反而比"穿斗式"更多，流行于北方，大型的府第及宫廷殿宇大都采用这种结构。穿斗式和抬梁式有时会同时应用。

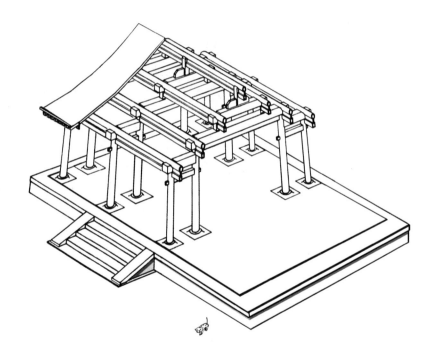

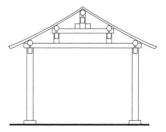
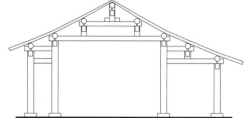

抬梁式构架

除此之外，还有一些非主流的结构，例如井干式。其实是叠层而上的承重墙，耗材很多，而且空间限制性很大，防火性能较低，除了林木茂盛的地区，并不常见。专家认为庑殿天花上的藻井便是脱胎自井干式的结构。

建在旱地上的栏杆式脚架可以算是木的台基。就算起在水中也可以叫做栏杆式结构，在潮湿和近水的低洼地区便可以见到，颇有原始时代的巢居味道。大家在电影中时常看见日本的"隐者"在房子底下爬来爬去，便是这种强调避湿的房屋结构。

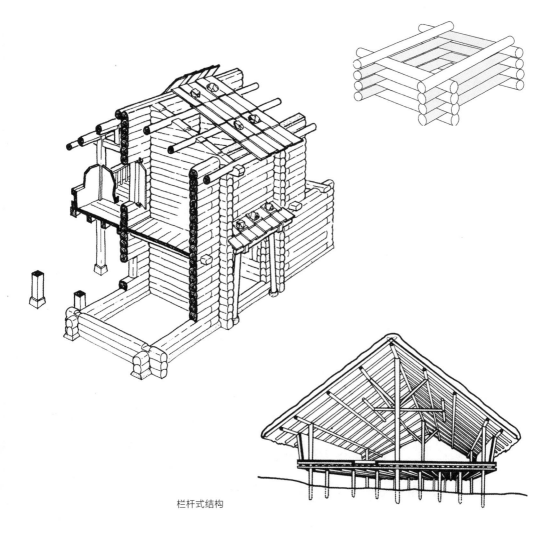

栏杆式结构

密梁平顶式有延长日照时间的功
能，流行于雨水较少的地方，例如西藏、
新疆等地。

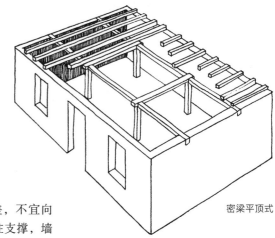

密梁平顶式

框架式建筑的缺点是承重力比石头差，不宜向
上空发展得太高[1]；优点是屋顶重量由梁柱支撑，墙
壁并不承重，因此：

1. 可以因木材品种资源筹建。
2. 砍伐、培植及贮材方便。
3. 木材轻便，运输简便。
4. 防震作用比石头强。
5. 木柱可以随时适应不同水平的地基。
6. 必要时可以灵活扩建。

[1] 并非不可能，《洛阳伽蓝记》内
记载北魏孝明帝熙平元年（516 年）
永宁寺内曾经起过一座举世无匹的
九层木塔，高度相当于 136.7 米，
比现存世上最高的木构建筑——山
西应县释迦木塔（建于辽代 1056
年，高 67.31 米）还要高一倍多。

框架系统一模一样地出现在日本
的早期建筑里（Kazuo Nishi and
Kasuo Hozumi, *Japanese Architec-
ture: A Survey of Traditional Japan-
ese Architecture*）

释名

柱栋梁枋桁椽和间架，楠樗檩栒楣宇是屋檐

花猫在楠上，花猫在樗联；
花猫在檩间，花猫在屋栒前。
花猫，其实只有一只。
楠樗檩屋栒都是屋檐。
楣是在正中的梁前，宇是檐的最边；
樗是椽木的联绵；
檩在栒雷之间，楠则寓意于水滴之处，都是檐。

凡求精确者,似乎总会造成混乱。这里就是几个最主要的构件。

地方大，历史长，名目自然多多。每个建筑构件在《尔雅》和《说文解字》之类的古代辞典内例必跟着一大串名字。说来真有趣，繁琐的命名，固然始于不同的地区、时代和习惯；另一方面也在于精细的分工。

两根柱可以界定出柱与柱之间
的空间，四根柱便可造成一个
独立于环境的空间。

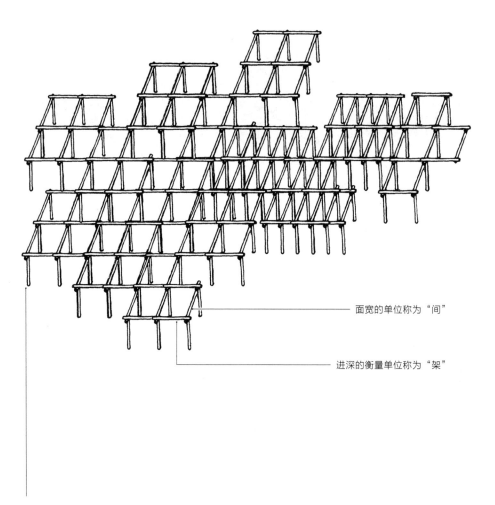

面宽的单位称为"间"

进深的衡量单位称为"架"

间架

    一根柱与环境的关系。传统中国建筑就是以这
些空间来计算单栋房屋的体积。面宽的单位称之为
"间"，进深的衡量单位则称之为"架"，一般合称为
"间架"。（依据屋顶梁架来计算。）"间架"数量会直
接影响整栋建筑的大小结构。

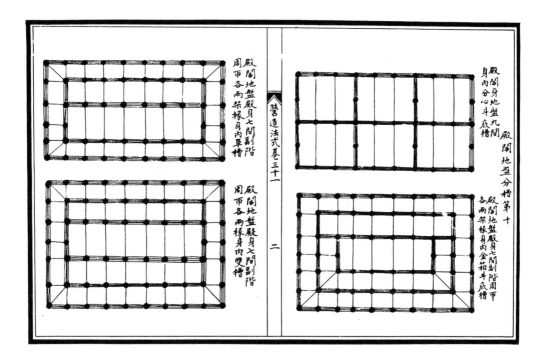

《营造法式》内的柱网

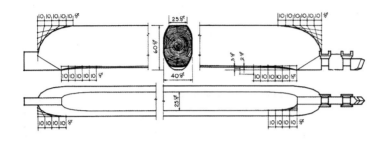

《营造法式》内的月梁制作

梁

桥也。(《说文》)在流水上面的叫做桥,在我们头上的叫做梁。梁是搭在柱顶上的水平构件,沿着进深与房屋的正面成 90 度角排列,一纵一横地承托着整个屋顶的重量。上一梁较下一梁短,层层相叠,构成屋架。最下一梁置于柱头上或与铺作结合。梁按长短命名,有经过加工或利用天然弯曲木材制造的月梁。明清时代有紧贴梁下的枋,称随梁枋。

椽

垂直搁在檩上,直接负荷屋面瓦片的构件。分为飞檐椽(宋称飞子)、檐椽、花架椽、脑椽、顶椽(用于卷棚屋架)等。断面有矩形、圆形及荷包形。

柱

柱身光洁素净,
装饰往往集中于柱础。

直立承受建筑上部重量的构件。屋的主人并非我们,而是柱。柱之言主也,屋之主也。垂直构件叫做柱,又名楹,亭亭然孤立,旁无所依。孤立独处而能胜上任。誉为台柱者,实不简单。是故十围之木,持千钧之屋。(《淮南子》)抱怨竖柱妨碍空间的,其实是喧宾夺主。

柱按外形分为直柱、梭柱,截面多为圆形。按所在位置有不同名称:在房屋外围的柱子为外檐柱,外檐柱以内的称金柱(屋内柱),转角处的称角柱等。柱有侧脚,即向中心倾斜。有生起,即自中间柱向角柱逐渐加高。附在墙壁的柱叫做構。不同形式的竖柱还可以暗示出不同的空间层次。

栋

不是柱，而是屋顶最高的那条主梁。栋也称作枃、栿、檼、梦、薨、极、檩、欂。"栋，极也。"《说文》段注："屋至高之处。《系辞》曰：'上栋下宇。'五架之屋，正中曰栋，居屋之中。"中国人用"栋梁"来形容一个人在家庭以至国家的相对关系，可以想象得到这一根梁是多么的重要。

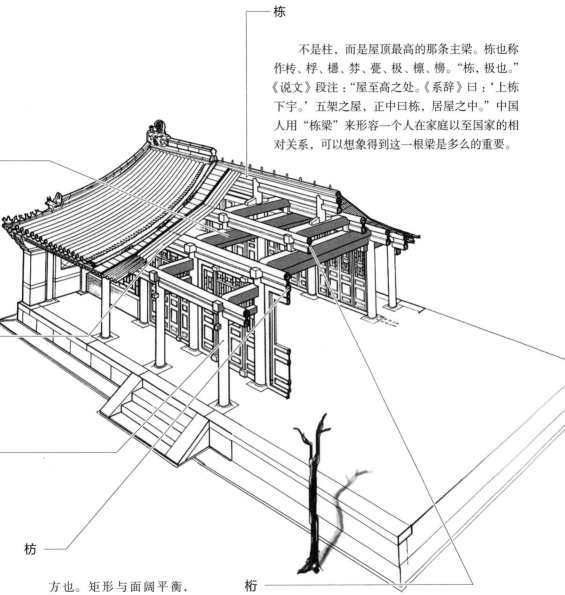

枋

方也。矩形与面阔平衡，拉结梁柱之间的联系构件。凡负责拉拢联系者，我们都希望他正直、不阿。木枋由形到音都名副其实的方整、平直、不弯不曲。

桁

或作檩，截面为圆形，桁和枋都是与建筑物面阔平衡的水平构件。一般有所谓一檩三件的说法，即为檩（桁）、下垫板和枋。正面的柱与柱之间的枋叫额枋（宋称阑额）。在柱脚的枋叫做地栿。

宋《营造法式》大木作
构件名称（殿堂）

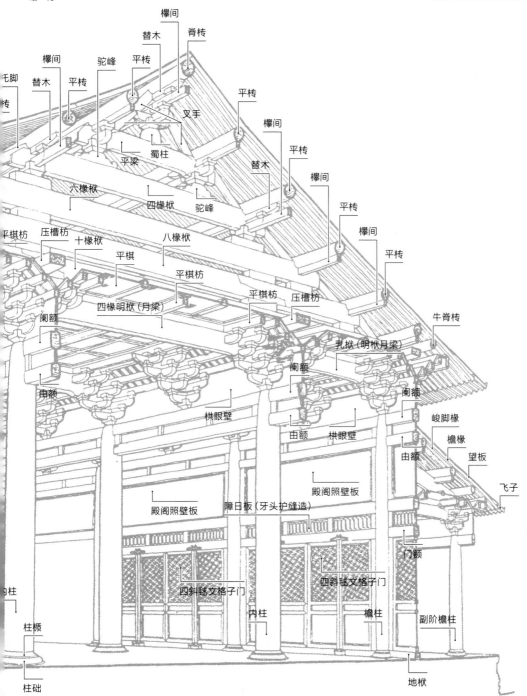

攀间
替木　脊槫
攀间　驼峰　平槫
毛脚　替木　平槫
槫
平槫
叉手
攀间
蜀柱
平槫
平梁
替木
六椽栿
攀间
四椽栿　驼峰
平槫
八椽栿
攀间
平棋枋　压槽枋　十椽栿
平棋
平槫
平棋枋
平棋枋　压槽枋
四椽明栿（月梁）
牛脊槫
乳栿（明栿月梁）
阑额
阑额
由额
阑额
棋眼壁
峻脚椽
由额　拱眼壁
檐椽
殿阁照壁板
望板
殿阁照壁板
障日板（牙头护缝造）
飞子
门额
四斜毬文格子门
四斜毬文格子门
柱
柱榫
内柱
檐柱
副阶檐柱
柱础
地栿

不落别处话榫卯

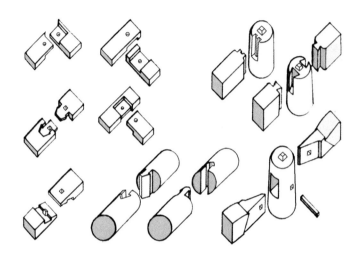

　　在凤翔佛寺有个叫做郭璩的知客僧人，某次锯木头，几经尝试都无从入手。郭璩怀疑木头里面有铁石，于是就换了一把新锯，再焚香祷告一番，然后才成功锯入木头里面。及至分开时，居然发现里面的木纹生成两匹马的形象，一红一黑，互相啮咬着，口鼻鬃尾，蹄脚筋骨，皆栩栩如生。（〔宋〕《太平广记》）

　　米开朗基罗一直觉得，自己手中的雕刻工具是在粗糙的石头表面下，唤醒里面早已存在的生命……我们发现的每一种事物早就已经存在：一具雕刻的形象和自然律两者都隐藏在材料之中。在另一种意义上，一个人所发明的便是他所发现的。（布伦奈斯基（J.Bronowski）《人类文明的演进》第三章《石头的纹路》）

　　《太平广记》记载的大部分都是民间流传的奇闻轶事，几近迷信。布伦奈斯基是位数学家，米开朗基罗是不朽的艺术家，都不约而同地期待着隐藏在材料里的生命。

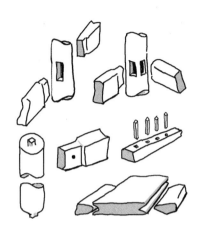

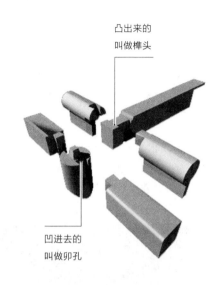

凸出来的
叫做榫头

凹进去的
叫做卯孔

榫卯是一种比用绳索扎缚更加直接，也更加高级
的嵌接技术，早在公元前 5000 年（河姆渡文化）
就已经出现，至今已有六七千年了。

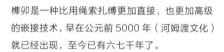

合并后就变成榫卯

榫卯令人联想起米开朗基罗那番著名的"浴盆"理论。

这位西方最伟大的雕刻家，以"浴盆"来形容一块未经雕琢的
原材，深信每一块石头都沉睡着一个生命。作为雕刻家，米开朗基
罗觉得自己的职责只不过是将这生命从"浴盆"中牵出来，把多余
的部分凿掉而已。

榫卯就活像是隐藏在两块木头里的灵魂，当古代的工匠将多余
的部分凿掉之后，两块木头便会紧紧地互相握着，不再分开。

理论上，一个单方向的榫卯组合，嵌接的部分在毫无干扰的情
况下，也许十年、也许十五年，长时间在大自然磁场的牵引之下，
便会自动松脱，这是木材所含的水分受到引力影响的结果，就如潮
汐涨退的道理一样。然而，当榫卯结构是由不同的方向嵌接的话，
张紧与松脱的作用力便会互相抵消。一个榫卯如是，无数的榫卯组

合在一起时，就会出现极其复杂微妙的平衡。

    榫卯技术在宋代达到巅峰，一整栋大型宫殿成千上万的构件，不靠一枚钉就能紧紧扣在一起，实在非常了不起。每当榫卯构件受到更大的压力时，就会变得越牢固。古老的木构建筑可以经历多次地震之后依然安然无恙，除了由于木材的延展力强之外，还有一个个的榫卯在挽手维系着。

    1937 年，当中国现代研究传统建筑的先驱梁思成教授，经过长途跋涉，几经艰辛，在山西五台山找到一座造型简练古朴的庙宇时，这座兴建于唐代大中十一年（857 年）的佛光寺已经在山野丛

五台山佛光寺大殿前檐下的斗栱

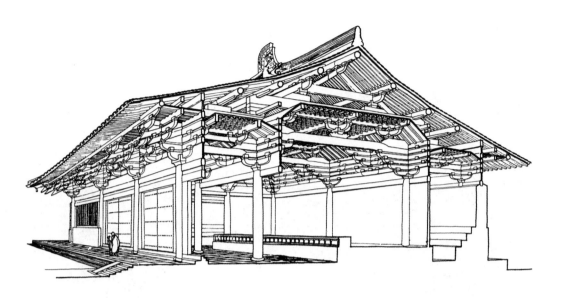

五台山佛光寺
相传创于北魏孝文帝时代
（471—499 年）。唐会昌五
年（845 年）"灭法"时受到
破坏，唐大中年间"复法"陆
续重建，现存最古老建筑是唐
大中十一年（857 年）建造的
大殿。（《中国大百科全书》）

林中静候了一千多年，梁柱间的榫卯结构还像当初一样互相紧扣，不离不弃。

　　如果再没有诸如"灭法"运动之类的人为破坏，如果命运没有安排梁教授率领的勘察队伍走上通往佛光寺的崎岖小径，这些珍贵的唐代建筑孤例，相信还会静静地再等待另外的一千年，直至我们"有幸"来到它的面前，拨开梁柱上"积存几寸厚，踩上去像棉花一样的尘土"（《梁思成文集·记五台山佛光寺的建筑》），来惊叹古人这种巧妙到接近神奇的建筑技术了。

　　日本大阪有一对累积三十多年木工经验的兄弟，矢志要将日本国内的古木建筑保存下来。于是就逐一将这些古老的木建筑按比例缩成十分之一的模型，然后在各大学及美术馆巡回展览，让每一代的人都可以目睹昔日的建筑艺术。当这对有心的兄弟在完成"最具保留价值"的唐招提寺后接受访问时，一再赞叹，古代的大师如何得以掌握每一种木材在漫长的岁月里，在不同的气温、干湿度条件下的膨胀和收缩，始终保持着当初的刚度。

唐招提寺
日本奈良市（古平城京）的著名佛寺，由中国唐代高僧鉴真大师东渡日本弘法后，
于天平宝字三年（759年）奠基兴建。佛寺高度反映出中国唐代建筑的技术和风格。
（《中国大百科全书》）

　　纵然中国人从未刻意将建筑置于艺术创造的范畴内，然而古人
的匠心毫无疑问地是和每一块木头互相渗透着的，古代大师的心血
好像和木头结合成为一个有情的生命，木材纤维内的水分就像汩汩
血脉那样，时刻都在调整平衡。从日出到月出，潮涨到潮退，由东
边到西边，每一刻都在循环消长，生生不息。

　　法国一家电视台，曾经以埃菲尔铁塔为对象制作了一个特辑，
内容描述铁塔内那些庞大如车轮的钢铁螺丝帽要定时重新拧紧，否
则就会因为温差关系而自动松脱，一旦弃用螺栓改为焊接的话，整
个金属塔架便会因为金属的不规则膨胀而扭曲倒塌，原来象征机械
的凯旋的"钢铁阵容"也有它的烦恼。

　　这边厢，每一幢古老的木构房子，在经历无数风霜之后，屋内

木材榫接技术

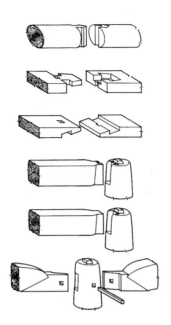

> 榫对卯说："执子之手。"卯对榫说："与子偕老。"好一个地老天荒，矢志不移。

每一块木头，以至每一件家具的榫和卯都仿佛仍在窃窃私语……

没有完全无缺点和局限性的材料和结构，木斗栱的缺点是容易松动，然而这种缺点却变成抗震的优点。遇上一般地震，用砖石筑建的房屋纷纷倒塌的时候，木材靠着本身特有的柔韧性和延展力，榫卯就会将地面的震波变成延绵"木浪"般起伏消解，涟漪过后，又恢复原状。

长时间的实践、对木材性质的彻底认识，出现了令榫卯变成本来就是属于木材一部分的奇异现象。但凡涉及使用木材的场合，榫卯便会自然而然地出现，无论是一栋房子、一扇门窗或一件家具。在概念上，一座木建筑其实便是一件巨大的家具，而一件家具则可以视之为一座精巧的小型建筑。

当我们看到以石头兴建的建筑物都应用木材的榫卯结构时，便会体会到木构技术在传统中国建筑所具有的优势，也不难了解这个民族何以迟迟都没有应用螺丝了！

由我木匠说

照我说，哪一行不吃苦，学师不磨凿铲刀，打杂挨骂三年四个月，谈什么规矩。满师之后没再跟上师傅十年，一道垂花门也搞不好，谈什么开山收徒儿。

不过这门手艺上手，就不愁吃。想当年跟师傅穿州过省跑，起的都是高门府第。东家起屋事事都图吉利，出手宽，三行管一日吃五顿，茶水充足，就是怕咱们“作损”。我看哪，缺德的偷工减料就有,起房子又不是茅山术,哪有什么“作损”。不过既然招呼周到，大伙儿也就不吃白不吃啰！大家不知，咱们替人家起房子，可是别人先替我们造屋哩。大楼房讲究细工，等闲几个月未必落成，吉地旁边就要预先准备供我们作息的工寮。

砖瓦泥石都归大木师傅管，俺师傅就是大木师傅。无论东家、地师怎样打算，也要他老人家点头，才可以开料动工。

先择个日落砱定磉，石工未动手，师傅已经手执一把丈量篙尺，分派各师兄弟开工造构件。别小觑师傅那把“丈量尺”，又刻又画的密麻麻，再复杂的梁架、斗栱、檩桁尺寸都分毫不差地刻在上面，活脱就是“一条”图样。

地基柱础一弄妥，就轮到咱们木工上场，正式起做屋框大架。左尊右卑，并按例从左面开始。大架竖起之后再择日，吉时上梁，屋架才算完成。跟着便是铺瓦,然后上漆,画工做花样。东家排场够，找个大学问的来题匾写联。满堂吉庆，当然又是大排筵席啰！

    师傅说当年祖师爷有次与另外一个师傅"对场作"做工程，大家拉着班底各显功夫，你雕一个霸王拳，我镶一块坠山花的。落成那一天，百里外都有人赶来开眼界哩。

    只不过福禄尽风就变，到俺这一代劲头就稀松得多哪。这里人少井细，搭猪圈多过起人屋。不过，功夫真，总用得着，今时今日俺也兼造一点家具木活，自家闺女出嫁，过门时全套油亮亮的木器，由衣枕、板凳到马桶都是我一手包揽。万变不离其宗，搭房子和造家具，手工好两样都好，手工差两样都糟。一本《鲁班经》，一把开门尺，"开门二尺八，死活一齐搭"，硬是口诀熟，造啥也有个底。

    只要是木头，找俺，准没错。

歌诀　论木

楠木山桃并木荷　　严柏椐木香樟栗

性硬直秀用放心　　照前还可减加半

惟有杉木并松树　　血柏乌桕及梓树

树性松嫩照加用　　还有留心节斑痈

节烂斑雀痈入心　　疤空头破槽是烂

进深开间横吃重　　务将木病细交论

（《营造法原》记载民间工匠歌诀）

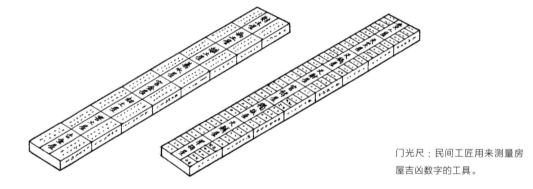

门光尺：民间工匠用来测量房屋吉凶数字的工具。

作损：传统民间相信工匠起造房屋，可以施法令主人日后家宅不宁。

落矸定磉：房屋起造地基安放于柱基之下的石块。

丈量尺：刻划着房屋各种比例单位的木杆。

对场作：两帮工匠一起施工，各显身手。

《鲁班经》：民间流传的建筑全书，以春秋时代的著名大匠鲁班为名，约成书于明代。

"开门二尺八，死活一齐搭"：《鲁班经》内口诀，意谓二尺八宽的门，死（棺木）活（花轿）都可以通过。

　　复杂的构件，以不同的榫卯技术联系在一起，这既是人类的心血，也是上天的恩赐。屋宇落成时，古人照例郑重其事地进行祝福仪式。盼望在这"路牌"之下："凡我往还，同增福寿。"（苏东坡《白鹤新居上梁文》）

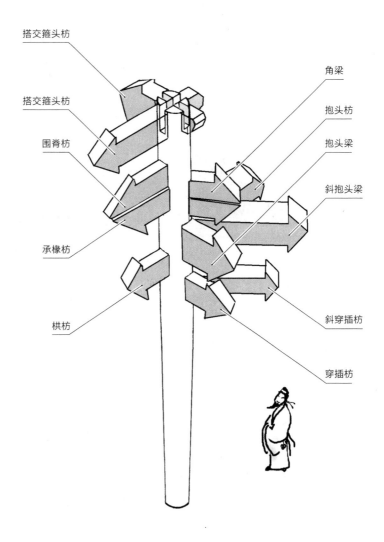

搭交箍头枋

搭交箍头枋

围脊枋

承椽枋

栱枋

角梁

抱头枋

抱头梁

斜抱头梁

斜穿插枋

穿插枋

国家有维辅，我家有栋梁，有柱亭亭然，枋正不阿来拉结。

赫拉克勒斯在此。

赫拉克勒斯（Hercules）是神话里的大力神，古希腊工匠将他的名字刻在神殿石柱上，一方面显示庞大的建筑工程需要借助神力；另一方面也显示大匠的手笔带着神力。

红粉在此。

英雄之外又请来红粉"顶着半边天"——雅典卫城的少女柱廊（约公元前 430 年）。

历代圣人在此。

法国 Chartres 教堂外的人像柱（约 1150 年）。埃及有纸莎草、莲花纹样的石柱，波斯有人像石柱，基督教历代圣人通通在教堂站岗，一边布道，一边扛房子——从前，建筑物除了力学计算之外，精神也有它的安全系数。

不 · 只 · 中 · 国 · 木 · 建 · 筑

第七章

斗　栱

原本两块小木头。太复杂，所以并不是柱头。斗栱的起源、发展和造型。

　　古代中国自然也有霸王举鼎（汉代画像砖）、满屋云烟（檐下雕饰）等各种让屋顶别太沉重的盼望。最意想不到的便是，这个民族居然将一切浪漫的盼望交由两块小小的木头代为张罗。

　　斗栱置于屋身柱网之上，屋檐之下，用来解决垂直和水平两种构件之间的重力过渡。小的建筑物用不着，等闲的建筑物不准用。

起源

斗栱的起源很隐晦，目前最早的斗栱形象见于西周时代的青铜器。用在建筑上的年代则尚未有定论，大概是先解决了屋顶构件的垂直压力之后，继而向外发展把屋檐送出去。

子曰："臧文仲居蔡，山节藻棁，何如其知也？"

《论语》里记载孔子曾经批评鲁国大夫臧文仲在家里饲养着大龟当宠物逗玩，所住的屋宇又用山峦般重叠起来的栱木和画着精致水草纹饰的短柱来装潢，实在糊涂奢侈。

奢侈有功，否则我们今天便不会知道，斗栱在春秋时代已经发展得很完备，而且华丽到连孔夫子也看不过眼的地步。

一块像挽起的弓

一块像盛米的斗

斗栱

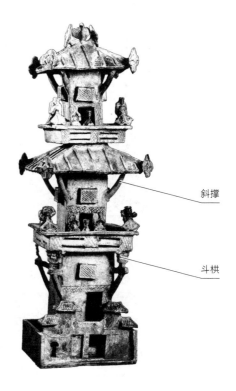

斜撑

斗栱

说法

《中国大百科全书·建筑卷》里提出一些有关斗栱源头的说法：

1. 由井干结构的交叉支撑经验衍生出来的；
2. 由穿出柱外支承出檐的挑梁变化而成的；
3. 由外围的擎檐柱进一步变成托挑梁的斜撑，最后就成为斗栱的形制。

斗栱的组合一点也不复杂，斗上置栱，栱上置斗，斗上又置栱……重复交叠，千篇一律，却千变万化。

清代工部的《工程做法则例》足足用十三卷的篇幅来列举三十多种斗栱的形式，但这种莫测高深的结构，实际上还有着更多的变化。因为斗栱本身是一种"办法"，在被定型为"格式"之前，一直都在因应不同需要而自由组合。

中国建筑的斗栱，是不属于屋顶又不隶属于柱式部分的独立构件。假如当它是"柱头"，它却未必会在柱顶出现，而且它的功能也远非一般柱头所能比拟。

然而在西安大雁塔门楣的唐代石画上，有一种人字栱的应用，似乎并不属于以上所说的范围，看来要解释斗栱的起源和发展，似乎还需要更大的想象力。

简单的斗栱一旦开始结合

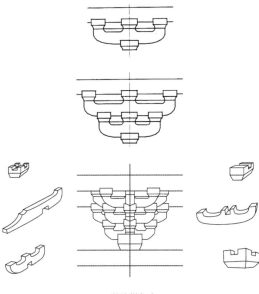

可以这样复杂

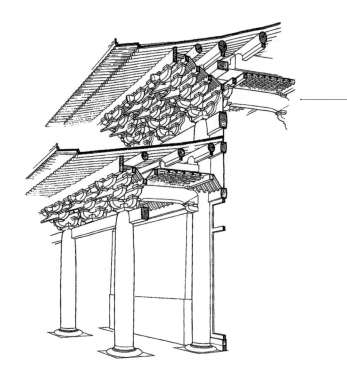

屋顶重量传到梁枋，传到斗栱，再
传到木柱，最后落到地上。

中国之斗栱种类之多，
竟至不能详细调查。日本
之斗栱，向前后左右两方
发展，中国更有斜向前与
前后左右方向作四十五度
之角度而发展者。（〔日〕伊
东忠太《中国建筑史》）

功能

1. 向上承托屋顶的重量。
2. 向下过渡到竖柱或横枋上面。
3. 向左右两边伸展，减少梁枋所受压力，增加开间宽度。
4. 向内聚合，支持天花藻井。
5. 向外将屋顶的出檐推到最大的限度，保护屋身。

以"模数"统筹建筑的好处：

· 简化筹建计划。
· 便于计算材料及预制构件。
· 多座房屋可以同时施工。
· 方便标准构件的替换及翻新。

斗栱是整栋建筑物重复得最多的构件，历来都被用作计算物料及工程体积的参考基数。到了宋代就正式成为建筑的基本模数（module），令到中国成为世界上惟一真正实施建筑模数的国家。（梁思成《中国建筑史》）

上

左

外

内

斗栱可以告诉我们这是一栋非比寻常的高级建筑。斗栱可以和其他构件一样按必要替换。

斗栱的英译是托架系统（Bracket System），倒十分贴切。一代代天才建筑师将支承的木柱发展为这种令人难忘的悬臂支撑结构，既可保持外檐空间的完整性，又可以将屋檐尽量外挑。

只有充分了解木材的柔韧性才可以发展出斗栱的原理，只有彻底掌握榫和卯的应用才能创造出如此复杂的结构。

右

下

斗栱像一个"弹簧垫"那样承托着建筑物本身的重量，一旦遇上地震颠簸，又可抵消大部分对木材及榫卯造成损害的扭力，增加和联系整个屋顶构件的刚度。

造 型

　　承重比例一直都是梁柱结构的最大命题。无独有偶，中外的工匠都不约而同地采取弯曲的形态，只是一个弯向上，另一个弯向下。弯向上的曲枅（栱），突破了梁柱承重支架的限制，而弯向下的爱奥尼亚式的柱头就成为优雅的装饰造型。看来纵然罗马人的弧形穹顶没有取代希腊建筑的位置，希腊建筑艺术亦会因为柱式的局限而陷于石柱间距的困局。当石柱间距超过一定比例时，横梁便会折断。

　　远远望去，一攒攒的斗栱好像层层叠叠的波涛，将庞大的屋顶拱托得犹如航行的船只般。斗栱是属于大式（高级）建筑的构件，因此就算是船，也是琉璃生辉的船（高级建筑的屋顶大都采用琉璃瓦）；斗栱，即是色彩豪华的浪花。

　　现代建筑开始时，"形式服从功能"（Form follows Function）的口号叫得响亮，将以前一度装饰到"一塌糊涂"的糜烂作风改弦易辙而变成"装饰即是罪恶"（Adolf Loos, 1870—1933）的极端观念。

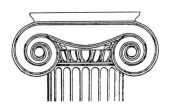

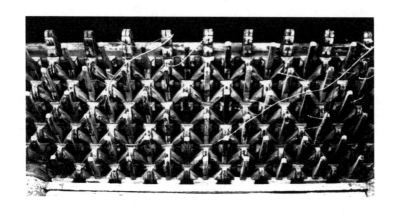

雀替
中国建筑柱头的部分别有枢
机，张开了一对优雅的翅膀。

　　由"什么装饰都加上去"发展成为"什么装饰都不加上去"，
结果到今天踏入后现代时，建筑依旧未能完全摆脱一个个四方形、
长方形的阴影。其实，兼具功能与装饰的东西并非没有，斗栱便是
最好的例子。

　　木材的延展力加上斗栱的巧妙结构，好像弹簧般，在很多次地
震中，石造建筑纷纷倒塌，而以斗栱支承巨大屋顶的木框架房屋则
依旧丝毫无损，实在是一项巨大的成就。于是，斗栱就成为传统中
国木建筑艺术最富创造性和最有代表性的部分。

演 变

柱枅欂栌相支持。（〔汉〕《古文苑·柏梁诗》）柱负责独立竖直承重；枅是柱上方木；欂（音薄）是梁上短柱；栌亦是柱上方木。

古诗内的艰涩"密码"，所指的是斗栱。栌管柱头，枅联上栋。望文生义"相支持"是斗栱和整体结构的密切关系。这种关系成为我们鉴别建筑年代的依据。

由唐代至元代，斗栱和梁枋的关系互相穿插连结，成为屋顶框架各水平交叉点的加固结构，是属于整个屋顶"铺作层"的一部分。当时斗栱的体积宏大，近乎柱高一半，充分表现出斗栱在结构上的重要性和气派。

斗栱在宋代以后直趋纤巧，当建筑物的内外柱网发展到因应不同的位置来决定高度时，整个屋顶"铺作层"的有机联系就迅速减弱。到了明清时期，梁架更由穿插在斗栱中改为压在斗栱的最后一跳之上，"互相支持"到这个时候已变成了"互不相干"，由本来的杠杆组织最后沦为檐下雕刻。

造型艺术往往出现一种不愉快的发展逻辑——简朴概括的开始，结局变为繁杂琐碎；原来属于结构的部分，最后变为徒具外形的虚饰。

斗栱仍旧是中国建筑最有代表性的部分，本身却无可奈何地走到尽头。

唐代　斗栱承托从屋顶斜出的昂。

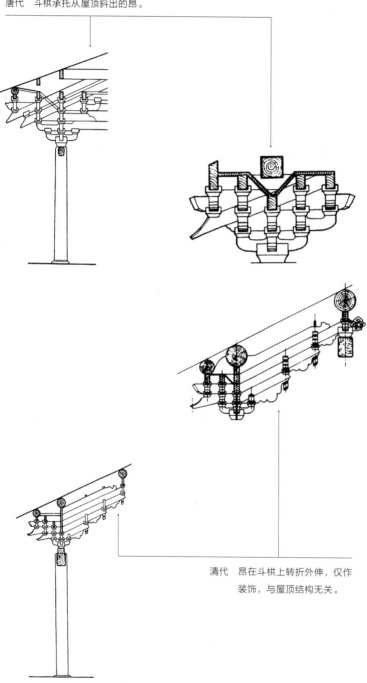

清代　昂在斗栱上转折外伸，仅作
　　　装饰，与屋顶结构无关。

宋代斗栱构件
（括号内为清代名称）

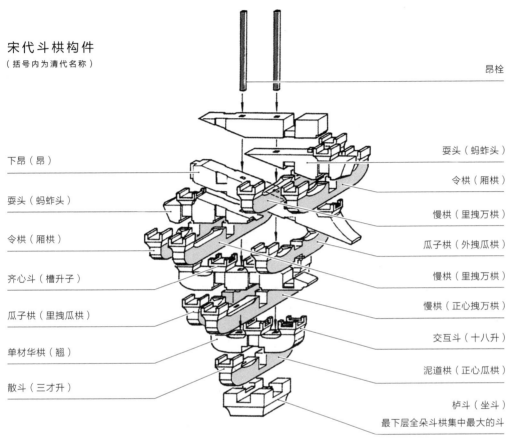

昂栓

下昂（昂）

耍头（蚂蚱头）

令栱（厢栱）

齐心斗（槽升子）

瓜子栱（里拽瓜栱）

单材华栱（翘）

散斗（三才升）

耍头（蚂蚱头）

令栱（厢栱）

慢栱（里拽万栱）

瓜子栱（外拽瓜栱）

慢栱（里拽万栱）

慢栱（正心拽万栱）

交互斗（十八升）

泥道栱（正心瓜栱）

栌斗（坐斗）
最下层全朵斗栱集中最大的斗

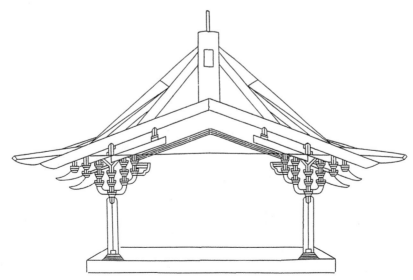

一屋三分

　　率先将一栋房子分为三个主要部分来统筹的是宋代的民间著名建筑师（都料匠）俞皓。上分是屋顶，中分是屋身，下分是台阶。这种分类很科学化，近代研究古代建筑一直都沿用着。（三分又称为三段式。）

　　俞皓（？—989），五代末年吴越国西府人（今杭州）。曾著有《木经》三卷，为宋代《营造法式》问世之前最重要的木工典籍，现已失传。俞皓在宋初曾主持汴梁（开封）开宝寺木塔建造工程，塔高36丈，历时8年。相传俞皓曾以汴梁平原多西北风，而将塔身略向西北倾斜，以抵消主要风力。（《中国大百科全书·建筑卷》）

　　"古典"（Classic）——来自"第一流"（First class），首先是文艺复兴时期的人用来赞扬古希腊的文化艺术，引申开去就是"经典"、"带着历史情调"，象征着正统、理智及权威。在一段很长的时间里，古典神庙的形式就成为表现物质或精神权力的建筑典型，例如国会、银行、法院、行政大楼、大学图书馆及证券交易所，等等。

中国的宫殿

· 屋顶保护整个木材框架结构。
· 屋身结构尽量通透，保持空气流通，方便更换构件。
· 台基承托整栋房屋，防水患，增强竖柱的稳固性。

西方的古典神庙

· 屋顶隐藏在门楣后面，实质是墙壁的延伸。
· 屋身由墙壁负重，石柱由结构需要，变为立面装饰。
· 台基比例并不严格，有逐渐消失的趋势，并且向下发展出地牢。

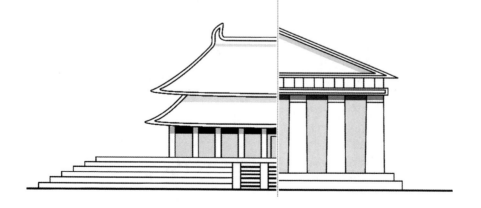

台南的孔子庙

一栋建筑既可以是瑰丽堂皇的宫殿，又可以是富有人家的府第。假若门前放置鼎炉香案便是寺观佛院，竖起旌旗的话就是一间酒楼食肆。既可能是清修养真的出尘之地，又可能是夜夜笙歌的烟花场所。

需要改变和应该保留

我们看到西方建筑在发展过程中，各主要部分很多时候都会因应不同的功能需要而增减、隐藏甚至消失。

我们也看到"三分"这种科学化的分类，很容易使人想起"天下三分"——"天、地、人"之类充满中国特色的文化概念。事实上传统中国建筑在发展的初期，就已经将这几个主要部分与本身文化价值融合。

当西方建筑因应功能而改变时，传统中国建筑却以因应维持一种文化的价值或理想而保存，中国文化有多悠长，这三个部分的组合便多悠长。所以，当我们开始去看这几个看来只是基本的部分时，其实我们也是在端详着整个中国文化的面目。

假如你是古人（或内行人）的话，就可以从建筑的每一个部分和构件，看得出它的社会地位和等级，否则它随时可以是任何性质的建筑。不过，更可能是什么都看不到，因为传统中国的建筑，往往是要在进入一群围拢的建筑物之后才可以看得到……

万事起头难，三分首要是结实的基础（下分），跟着是建筑对天空的当然回应——顶盖（上分），中间才构成供我们生活的屋身（中分）。所以这里先看基阶，再看屋顶，最后才轮到墙、门、窗。

不 · 只 · 中 · 国 · 木 · 建 · 筑

第八章 ———————————————— 基阶栏

一屋三分，不改变因为应该要保留。

台基可以联想起德行，房屋的阶级和人的阶级一直都分不开。

栏杆除了依靠还可以留情，本来就有一只多情朝天吼。

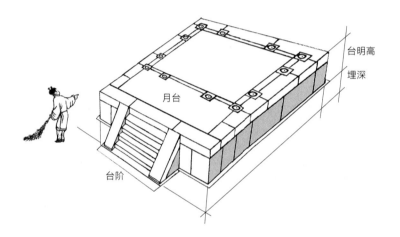

台基包括埋在地下（埋深）和露出地面（台明）两部分。地面上的高度叫台明高。台明是台基的主体，月台是台基的延伸。月台也称为"露台"或"平台"，通常会比台明高度稍低，否则雨水便会淹进室内。

　　台基与台是两回事。台是多座建筑物的联合基座；台基则是单座建筑物的基座。

　　以前的人坐在地上生活，水气风湿是个大问题，因此古人比我们更重视台基的辟湿作用。夯实的台基一方面阻隔地下水分渗透，同时亦可防止地面雨水溅起侵蚀屋身的结构。古代亦流行着一种将整栋房屋架起来的"平坐式"台基结构（至今南方一些低洼地区的民居依然采用），这种返回家与爬上床同时进行的形式，在气候潮湿的日本应用得更为广泛。

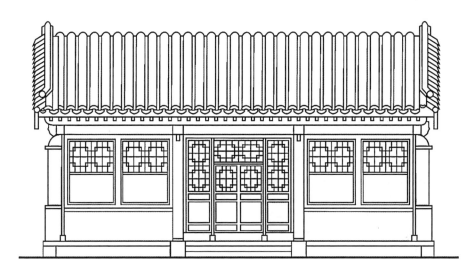

台基

作为基础，台基肩负通风及稳定竖柱的功能，同时又好像一个巨大的承托垫子，避免柱基因为负重不同而出现沉差。一旦遇上猛烈地震，大地颠簸抖动，整个台基就会像一只浮筏那样发挥缓冲的作用，抵消地震对建筑物的不规则摇撼。现存那些曾经遭受过连番地震依旧保存下来的古代建筑，绝非侥幸，除了木框架结构在防震方面的优越性之外，台基实在功不可没。

在标准模数之下，任何一个与结构有关的部分稍作改动的话，一切构件都会跟着调整，包括台基。传统建筑的台基，除了有法可依之外，亦会随着庭院大小以及建筑物的高度来调整，以求达到突出建筑物的性质，显示等级和气派。

> 周人明堂（帝王建筑的台基）……堂崇一筵（九尺）。（《周礼·考工记》）
>
> 公侯以下，三品以上房屋台基高二尺；四品以下至庶民房屋台基高一尺。（《大清会典事例》）
>
> 立基之制其高与材五倍……若殿堂中庭修广者，量其位置，随宜加高，所加虽高不过与材六倍。（《营造法式》）（以最大的材是九寸为准，台基便是5×9寸＝4尺5寸）

美丽的德行

　　基为墙之始。(《说文》) 基，础也。古人顺手拈来都是隐喻，文学如是，建筑亦同样的充满"寓意"。

　　九层之台，起于累土。(《老子》) 台基稳然在建筑物之下，出自老子之口，名正言顺地象征着崇高道德的第一步。道德（台基）从地平线拱凸而起，经过通透的屋身，然后以反翘的屋顶收结整个节奏。形成一套富有中国情调的成德和合之象。越高级的建筑，对比就越大；对比越大就越讲究这种"和合"的形态，让住在里面的人成就德行，实践和谐。按，君子不重则不威。德高，台基自然厚重。

　　经过几千年的发展，台基在文化及美学上的价值超过了实际功能，所以一直都未因为需要而妄加调整。台基既没有因为避湿的问题得到解决而将高度下降，亦没有像西方建筑那样动辄变成地牢。

唐代南禅寺大殿（建于 782 年），现存最古老的木建筑，所用的便是平台式台基。

从西方古代的建筑上，我们可以欣赏到一种配合得非常精确的韵律逻辑。

而中国建筑的台基与屋顶，则是利用两个截然不同的形态，来表现一种对比中的和谐意象。

隋唐时代，高足家具经游牧走马的胡人传入中国，古代建筑因而走向一个新的比例，屋顶抬得较高，但台基可并没有因为高足桌椅的出现而消失，反而变得更加隆重和细致。

敦煌石窟内的壁画
这是中国境内现存最早的坐凳资料。僧人跏趺修禅，坐烂不知几许蒲团，首先坐上凳子的，可是菩萨。

佛教在东汉传入中国，魏晋（六朝）时期开始蓬勃。佛法无边，以娑婆世界最庞大的高山"修迷楼"（喜玛拉雅山的古音）为座，在中国则叫做须弥山，这种基座的形式便叫做须弥座。古印度建筑文化影响中国最深远的其实并非供奉高僧舍利的浮屠（塔），而是这个须弥座。不但影响了建筑物台基的发展，其他高型家具和一切物件的基座，都广泛地采用这种华丽的形式。

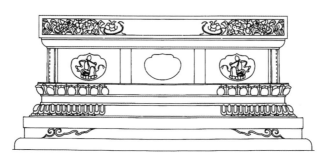

宋式须弥座

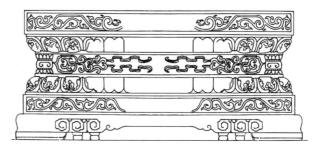

清式须弥座

北京故宫的汉白玉台基非常高贵

坛

坛，独立的台基。视苍天为大块文章来阅读的台是天文台；向下俯察苍生的是阅台；而毕恭毕敬地让苍天检阅的叫做坛，是没有"建筑物"的建筑。

坛（altar），中国古代主要用于祭祀天、地、社稷等活动的台型建筑。最初的祭祀活动在林中露天空地的土丘上进行，逐渐发展为用土筑坛。坛早期除用于祭祀外，也用于举行会盟、誓师、封禅、拜相、拜帅等重大仪式；后来逐渐成为中国封建社会最高统治者专用的祭祀建筑，规模由简至繁，体型随天、地等祭祀对象的特征而有圆有方，做法由土台演变为砖石包砌。（《中国大百科全书·建筑卷》）

平顶式民居视整栋房屋为一个大基座，屋顶部分变成平台，上接青天，乃"天台"是也。

台基既表现出建筑物的身份和气派，在群组的建筑中亦是空间组织的基础准则。基本上以水平横向展开的中国建筑，台基同时又起着将平面空间及直线所造成的沉闷局面打破的积极作用。将一个较低的平地变成较高的平地，将水平直线变成带着起伏的韵律。从一个平地走到另一个平地，中间依赖的便是台阶。

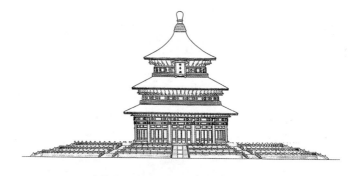

北京的天坛面积 280 万平方米，为紫禁城的 4 倍。

台阶

　　台阶是上下台基的踏道，任何需要走上去、走下来的地方都用得着，平实实用。楼梯据说始于东汉，台阶则应该是比建筑出现得更早的"建筑物"。古书记载，具体的台阶在黄帝时就已经出现。凤乃蔽日而至，黄帝降于东阶。(《韩诗外传》)

　　台阶分开东、西，分明是一级级看得到的"高度和身份"。越重要的建筑物，台阶就越长，越隆重。唐代大明宫含元殿，筑于龙首原上四丈多高的高台上，殿前有三条 70 余米长的龙尾道，壮丽巍峨，各国来朝的使节，战战兢兢地走完最后一级，双腿正好累得跪下来。

　　台阶虽然出现得早，不过在建筑物上往往是最后完成的部分，原因是避免建筑物自重力的不同分布而断裂分离（沉差）。

皇帝的正殿台阶为陛（御路，spiritual path），垂带踏跺——分为带"御路"和不带"御路"两种，最早见于初唐。

台阶形制：

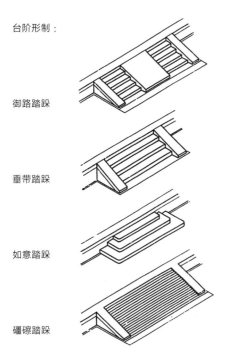

御路踏跺

垂带踏跺

如意踏跺

礓磙踏跺

春秋阶前，冷对空堂，诗人笔下的台阶都带着一种寂静的感觉，又是"天阶夜色凉如水"，又是"竹影扫阶尘不动"，日间竹影拂拭，夜里月色浸洗。台阶，霜浓露重，拾级而登，手把扶持，非栏杆莫属。

主人入门而右，客入门而左，主人就东阶，客就西阶。主人与客让登，主人先登，客从之。拾级聚足，连步以上，上于东阶，则先右足；上于西阶，则先左足。惟薄之外不趋，堂上不趋。(《礼记·典礼上》)

须弥座加上白石台阶

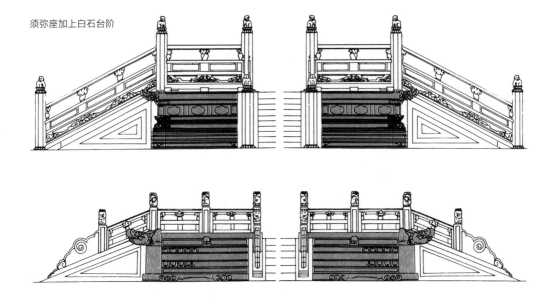

栏杆

田径运动中有两个项目,一个是"跨栏",另一个是"撑杆跳高"。横向的叫做栏,垂直的叫做杆,横直相交才组成一道栏杆。

栏杆并不隶属建筑物的主体,却是建筑物的围护部分。设在低处的栏杆是拦着外人(不要闯进来);设在高处的栏杆则是为了拦着自己(不要掉下去)。

一般说凭栏远眺,眺望什么都好,栏杆自然最好通透,否则凭的只是一堵矮墙。栏杆也不能太高,太高的栏杆只会变成一堵栏栅。同样是围着,栏杆比墙壁多出几分"我虽然围拢,但我既坦荡,又好看"的感觉。适当美观的栏杆令建筑物显得更加体面。既防卫保护,兼且有美化作用,忽视栏杆,太不应该。

一旦风急雨骤,把窗关上,便是一堵墙。

美人靠（靠背栏杆）

传统的栏杆到了宋代还有个"非分"的用途，就是把栏杆设置在沿街商店的屋檐上，名为"朝天栏杆"，令商店陡然增高，加强立面装饰和招徕的作用。

以前的活动栏杆，叫做叉子。"拒马叉子"，不要胡乱来。

设在庑廊的栏杆，往往都是一个个打开了的窗。一旦风急雨骤，把窗关上，便是一堵墙。

古代的建筑，栏杆处处，李白写杨贵妃的"沉香亭北倚栏杆"，当是随手拈来的景象。杀人百万、血流千里的黄巢造反不成，也来一句"独倚危栏看落晖"[1]。李后主——"雕栏玉砌应犹在"，遇上栏杆，贵为帝王也满腹愁肠。曾向蓬莱宫里行，北轩阑槛最留情。（杜牧寄题《甘露寺北轩》句）

台基尚稳重，台阶尚冷静。凭栏待月，倚槛看云，唯有栏杆最留情。相思闲愁，慵慵懒懒的一靠，那道鹅颈栏杆，就叫做美人靠，已算是一张凳了。

园林建筑的栏杆比较活泼，可兼作坐凳，称为坐栏。临水一侧设置木制曲栏的坐椅，南方称为鹅颈凳（或飞来椅、美人靠、吴王靠）。

[1] "三十年前草上飞，铁衣着尽着僧衣。天津桥上无人问，独倚危栏看落晖。"据说黄巢作乱之后，并没有死去，而是遁入空门。（陶谷《五代乱离记》）

栏杆与建筑物相对的尺寸：栏杆可长可短，本身比例则固定不变。例如望柱高为栏板宽度的 1/11；望柱头占柱总高的 4/9。

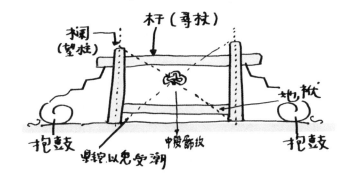

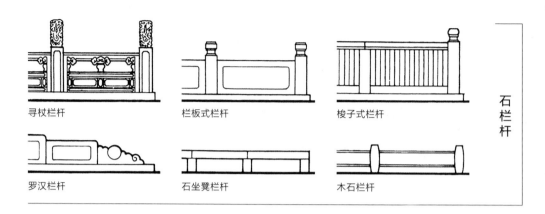

寻杖栏杆　栏板式栏杆　梭子式栏杆

罗汉栏杆　石坐凳栏杆　木石栏杆

石栏杆

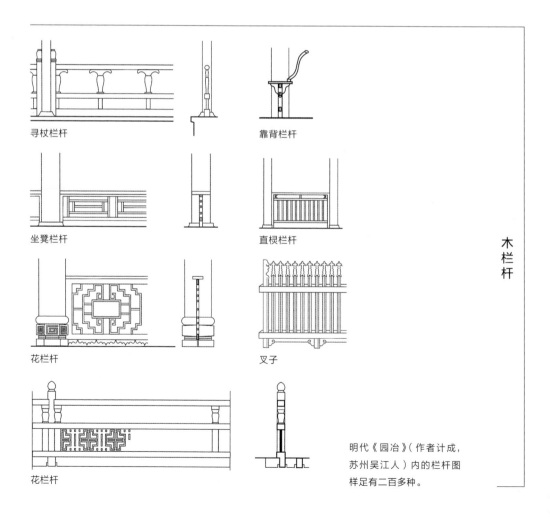

寻杖栏杆　靠背栏杆

坐凳栏杆　直棂栏杆

花栏杆　叉子

花栏杆

木栏杆

明代《园冶》（作者计成，苏州吴江人）内的栏杆图样足有二百多种。

多情朝天吼

华表上的望兽

华表是类似图腾的竖柱。据说是源于古代帝王用来显示自己有接纳劝谏风度的诽谤木（诽谤本义是议论是非），现在留下像路标模样的华表。尧置敬谏之鼓，舜立诽谤之木。（《淮南子》）

这里要介绍的是蹲在华表上那只非常讨人喜爱的辟邪小兽，体态娇小玲珑，作引颈昂首状，一般叫它朝天吼。

在北京天安门前后都分别竖着一对华表，上面都蹲着一对坐向不同的"朝天吼"。门前的面向外，门后的面向内。

朝天吼并没有什么神力，可这小兽却充满浓郁的感情。当它向着宫殿张望时，名字就叫做望君出，寓意提醒长居深宫禁苑的帝王，外出探察一下民间疾苦，好改进德政，利泽天下。而向着外面的则叫做望君归。

"望君归"是引颈盼望已经外出多时的帝王："皇上啊，算一算您外出已经有不少日子了！快点归来，主理朝纲吧……"一叫便千年。"朝天吼"因此亦叫做"望兽"，它蹲着的柱也叫做望柱。

栏杆上一枝枝的柱杆正好便是望柱，望柱上未必蹲着望兽，倚栏张望的倒是人。春日凝装上画楼，盼郎闺里盼郎归。以"望柱"名之，意思尽在不言中。难怪任凭栏杆如何的长，还是独倚潇湘最诗意。至于为赋愁怀而强倚栏杆者，又另当别论。

抱鼓石
栏杆两边很多时候以两个圆鼓收束（抱鼓石），最早见于金代建成的卢沟桥，作用是稳定栏杆。抱鼓石可大可小，在任何斜度都不会影响轴线平衡，圆鼓卷起的纹饰亦可以随意增减。是一个近乎"百搭"的收束设计，两端的圆形，犹如一个括号，括住栏杆上种种情怀。

望柱头狮子

鸱先生

鸱（音痴）太太

痴心鸱太太

公元前 5 世纪，波斯和希腊发生战争，希腊人以勇气加上运气，将强大的波斯军队击败后，马上大事铺张地修建雅典卫城（Acropolis），以志其盛。

胜利远比风度更实惠，典雅的雅典人，毫不犹疑地把"胜利女神"雕像的一对翅膀硬生生地折断，让胜利长驻卫城山头，凯旋永远也不飞向别的地方。

受到热情禁锢的"神力"，不只雅典神庙内的"胜利"，还有中国屋顶上的"威龙"。

海有鱼，虬尾似鸱，用以喷浪则降雨。汉柏梁台灾，越巫上厌胜之法。起建章官，设鸱鱼之像于屋脊，以厌火灾，即今世之鸱吻也。（《事物纪源·青箱杂记》）

鸱尾是传说中无角龙（可能就是鲸），尾巴一翘，便要喷水，正好保护易燃的木材。这种克制的手法叫做"厌胜"（从五行至各种自然属性的互相克制）。

宋代以后，屋顶上的鸱尾巴变成鸱嘴巴，一个龙头嘴衔屋脊。到了明、清，鸱吻升级成为龙的九子之一，性格"好望好吞"。好张望令它往屋顶上爬，好吞噬令它张口咬着屋脊，工匠一剑就把它牢牢钉在屋顶。一旦打雷着火，喷水可也。

性格决定命运，鸱吻的遭遇与人无尤，我们要致敬的是在屋檐下，梁头雕成的另一只望兽，据说那就是"鸱太太"。

自从丈夫不幸被永远钉在屋脊上，她就一直躲在檐下，默默等待，每逢风雨迷蒙，大家都躲在屋内的时候，鸱太太便会从檐下跑出来，游上屋脊，绕着夫婿徘徊，情款深深地一边替他拭抹满额雨水，一边说因为他的努力，屋檐下的人才睡得那么安稳。鸱先生，有妻若此，夫复何求，咬吧！

伟大的鸱太太替一直被认为是不大浪漫的民族，争回不少面子。瞧"球鞋"多寂寞。这样的屋顶，居然有人说闲话……

不 · 只 · 中 · 国 · 木 · 建 · 筑

第九章 —————————————————— 屋 顶

最是痴心鸥太太。又是闲话又是迷汤，揣测与根据。

总之，屋顶的形制，最怕是失礼。

屋顶上的展览馆。屋顶一旦独立后，正是混乱的时候。

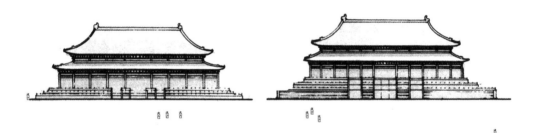

闲话

中国建筑无艺术之价值，只可视为一种工业耳。此种工业，极低级而不合理，类于儿戏。（〔英国〕詹姆士·弗格森《印度及东方建筑史》，James Fergusson, *History of Indian and Eastern Architecture*）

"不合理"是指屋顶的曲线轮廓；"儿戏"是屋顶上列人物动物；"檐悬铁马叮叮而鸣"，仿佛小孩子摆弄玩具。天真，但不成熟。

弗格森对属于华夏建筑系统的日本建筑的评价更加不堪："日本之建筑乃拾取低级不复合理之中国建筑之糟粕者，更不足论。"不是味儿的批评还有：弗格森的同胞 Banisster Fletcher 在他的 *A History of Architecture* 内说："中国建筑千篇一律，毫无进度，只为一种工业，不能视为艺术。其中只有塔是较为有趣味之建筑。"

又有德国人 Oskar Munsterberg 写了一本有关中国建筑的书 *Chienasische Kunstgeschichte*："塔非中国固有之物，而由印度传来者，故不似中国之千篇一律，而富于变化。然塔与堂不相融合。欧洲古代之教会堂与钟塔，亦各自独立，其后乃融合为一。而中国之佛堂与佛塔，永久不能融合，盖一为中国系一为印度系也。"（伊东忠太《中国建筑史》）

迷汤

（日本）盖不敢对唐用皇帝之色，故自卑而用东宫之色也。（〔日〕伊东忠太《中国建筑史》）日本的"唐式"建筑本来就是以朴素的唐代建筑为蓝本，明治维新（19世纪中期）之前的日本并不见得富裕。因缘际会，从前恪于经济及政治从属形势，而避免使用大唐皇家富丽专色的日本传统建筑那种灰蒙蒙的寺庙、茶亭，忽地里抖起来，寡淡变成真有"味道"。

几乎不好意思再"儿戏"下去的中国屋顶，一下子又听到……

弯弯的大屋顶好看极了，简直是一顶"瑰丽的冠冕"！风铃不吵耳，叮叮咚咚真好听。（见左图）

真正好听的是说话。（迷汤皆见于中外近代建筑论文）

屋顶弯弯

旧账难算，18 世纪中国风的瓷艺刺绣，在欧洲好生兴旺；苏州园林掀起不列颠的如画花园热（Pictorial garden）。东西方经过19 世纪的恩恩怨怨，到了 20 世纪又和好如初。

风云一变再变又再变，屋顶依旧弯弯遍九州。

在历史上，中国并没有将建筑看成是一门独立的学问，因此虽然以古代文献丰富见称，却没有流传下多少有关建筑的专业性的著作。在实物上，遗留下来 15 世纪之前的建筑物已经是屈指可数了，现存最古老的木结构建筑也不过是建于公元 782 年唐代的山西五台山南禅寺大殿及 857 年的佛光寺东大殿。（李允钺《华夏意匠：中国古典建筑设计原理分析》第一章《基本问题的讨论》）

如跂斯翼，如矢斯棘，如鸟斯革，如翚斯飞，君子攸跻。（《诗经·小雅·斯干》）有德行的人所住的屋宇，如其人的正立，箭矢的直趋，栋宇檐阿，又像鸟翅翻飞。

若非孔子他老人家这么一挑一选，《诗经》势必会和任何时代的民间唱诵一样湮灭。我们也不会知道，屋顶原来早已在春秋时代的天空中勾画着充满魅力的弧线。

学者都纷纷揣测。当然，都是揣测。揣测屋顶为何弯起来：

★★★★★	完全基于功能，古代防水物料并未完善，屋面坡度因应防漏需要而增大。
★★★★★	是物料受到重力而弯凹的自然现象。早期利用竹枝来作顶棚及椽子，长期自重力所出现的弯度，久而久之就成为一种独特的审美观念。
★★★★	不同高度与不同主次的屋檐合并的结果。
★★★	从结构上考虑，为了加深出檐的宽阔度而将屋面边缘的承托构件重叠加高，导致屋檐在屋角四边向上反翘。
★★	是原始时期的记忆，远承游牧时期的幕帐痕迹。
★	模仿自一种叫做喜玛拉雅山杉树的形态。
★	偶然的选择，只是为了美观。

（★表示流行程度）

总算是根据

上尊而宇卑，则吐水疾而霤远。（《周礼·考工记·轮人》）

顶盖上陡峭，檐沿处和缓，雨水落下便可以冲得更急更远，仿佛就是屋顶的写照。不过这部战国时代的古籍内所谈论的可是车篷盖，而非屋盖。既然没有更接近的例子，车篷就车篷，总算是根据。

屋顶的弧度，在力学上可以将铺设的瓦片扣搭得更紧贴；宽阔的出檐既保护着木构屋身，同时又避免地基受到雨水冲击而损坏。不过，经过实验，显示屋顶的坡度未必能够将雨雪冲得更远。所以除非是雨势大到无以复加，否则"吐水疾而霤远"的说法并不可靠。

　　建筑之始，产生于实际需要，受制于自然物理，非着意创制形式，更无所谓派别。其结构之系统，及形式之派别，乃其材料环境所形成。(《梁思成文集》卷三《中国建筑史》)

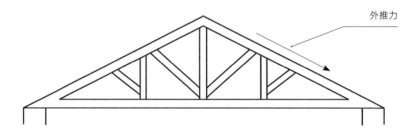

外推力

西方三角形的屋顶构架

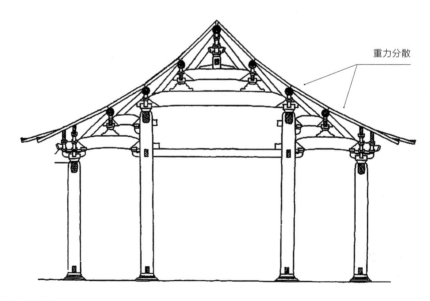

重力分散

传统中国的屋顶桁架

也许，我们可以从这个角度来看看屋顶。

这种结构用材较短，故此选材更为方便，预制装嵌，起造迅速。三角形的屋顶构架在坚固的承重墙上所构成的问题不大，对木框架的竖柱来说则会形成沉重的外推力。同时亦出现材料消耗过多的问题，而且限制了坡面的宽度。

比例超乎寻常的大屋顶，如果坚持坡面的直线，反而会受制于木材的长度和重量。又要屋顶大，又要撑得稳，最合理的办法就是采取将重力分散，逐步上升／下降的桁架结构。

于是，鸟儿就展开翅膀来。除此之外，我们就只能够等待进一步的发现和更丰富的想象力了。

举折（举架）

宋代官方编订的《营造法式》内，称这种将屋顶坡度逐步上升的技术名为"举折"，清代工部的《营造则例》称之为"举架"。这里是本自《营造法式》的例子。

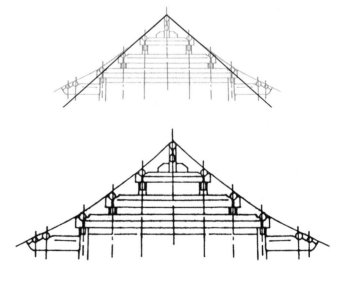

推山

高级的殿宇（仅见于庑殿顶）还有一种叫做"推山"的手法，将屋顶正脊加长向外推，形成屋面坡度弯凹反翘的处理，才真正耐人寻味。高级意味着可以将结构作高难度的调动来显示游刃有余的能力。

弯弯翘起的形态，在视觉上将巨大沉重的屋顶变得轻巧，令本来呆滞笨重的轮廓，变成一条充满活力的天际线（sky line，屋顶在天空衬托之下的线条）。

在《装饰》一章里，我们将会谈论一下，这种古老的建筑心得，所带着的视觉心理及美感效果。大屋顶不是艺术，却偏偏带着浓厚的艺术性。

　　反宇的屋顶有加长日照时间、令空气更流通等实际功能。

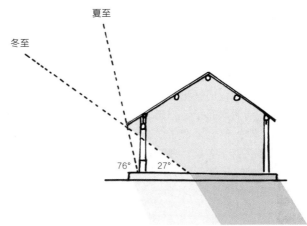

普通屋顶在冬至、夏至所
受的日照程度比较（以北
方为参考）。

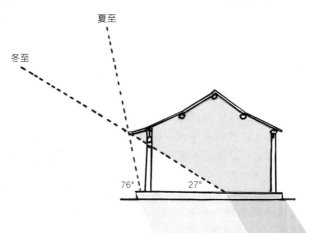

弯屋顶在冬至、夏至所受
的日照程度比较（以北方
为参考）。

最怕失礼

屋顶在传统中国建筑中占
着压倒性的位置，越高级的殿
宇，屋顶就越大。屋顶越大，
就越隆重。胡乱搭建者，不只
犯法，兼且无礼。

礼是自周代（约公元前10
世纪）开始制定的祭祀及君臣
的仪式。到儒家孔子（公元前
6世纪）即提倡上至帝王、下
至庶民都要安于名位，遵守各
种不同阶级的礼制，不得僭越，
以达到稳固有效的礼治社会。

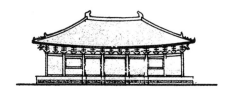

像《荀子·修身篇》内所说：
"故人无礼则不生，事无礼则不
成，国家无礼则不宁。"无"礼"，
万万不能。

这种基本上由两个人（仁）
的相处态度，推广至群体共处
以至人与大自然的秩序观，在
伦理实践上可以是互相尊重的
"礼貌"，在政治上则变成以阶
级有别而制定的规仪，有很强
的制约和统摄力。整套观念，
明显地反映在建筑物的形制上。

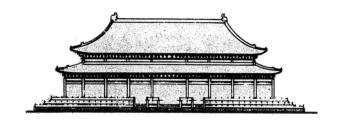

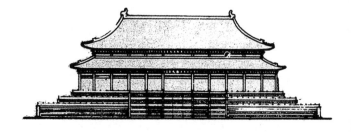

自上至下依次为唐、宋、元、明、清
建筑形制

屋顶形制

最尊贵的庑殿式（四阿式）

又名五脊殿。单檐或重檐（更为高级），只有宫殿、陵寝或皇家御准才能应用。最隆重的建筑，结构并不一定最复杂，专供帝王居停的宫殿，造型以中正平和、气派恢宏为尚。

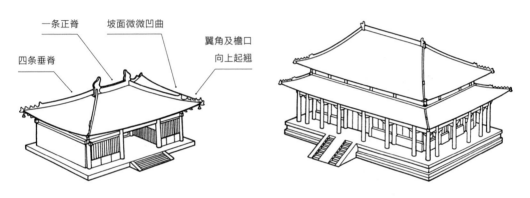

一条正脊　坡面微微凹曲　翼角及檐口向上起翘　四条垂脊

高级的歇山式

又名九脊殿。单檐或重檐，达官贵人的府第和重要建筑物多采用。歇山式结构比庑殿式复杂得多，唯排名却稍次。古希腊建筑里的多利克柱式就比爱奥尼亚柱式简单，但因为造型简单有力而成为最重要的样式。

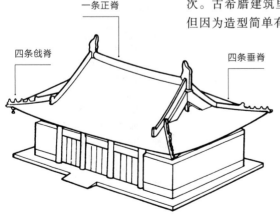

一条正脊　四条戗脊　四条垂脊

民间的

悬山式

人字顶（或金字顶），屋面外挑。正脊饰以花卉走兽，
山墙多有博风板以阻风雨，或有悬鱼装饰两山悬挑外
放，具层次感。

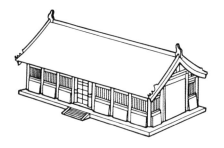

硬山式

一般平民百姓的朴素房屋形制。硬山式流行于
明代（14世纪）之后，是制砖业越来越蓬勃，
屋顶渐渐失去保护木构屋身的功能，砖墙取代
土墙成为普遍的趋势，屋檐的防水要求起了根
本的变化，开始出现"大量生产"的房屋，类
似近代的公共屋村，外形较简单平凡。

卷棚式

较自由的形制，一般用瓦铺顶

硬山卷棚

悬山卷棚

常用于点缀风景
花园的卷棚亭

当然也少不得塔

幽雅的攒尖式

三角攒尖

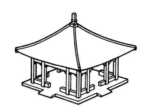

四角攒尖

圆攒尖

盔顶

攒尖顶切去一截便成为盝顶

主流以外及少数民族的屋顶

草寮的屋顶

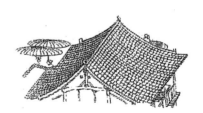

古画内的屋顶形式和瓦脊草寮

囤顶

平顶

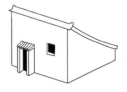

单坡

屋脊

　　两块坡面接缝处，是整个屋顶最容易渗漏的部位。用砖瓦加固密封，就形成了一条屋脊。各种屋顶的格式其实就取决于屋脊的处理方法，在设计上是不折不扣的"形式服从功能"（Form follows Function）。

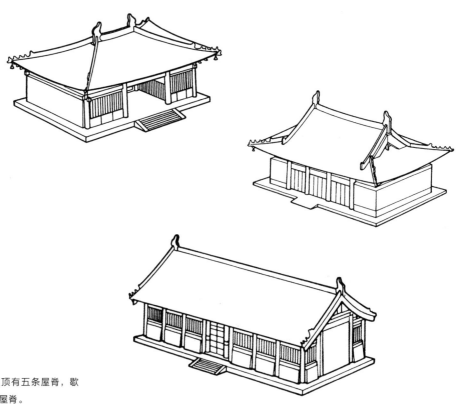

庑殿式的屋顶有五条屋脊，歇山式有九条屋脊。

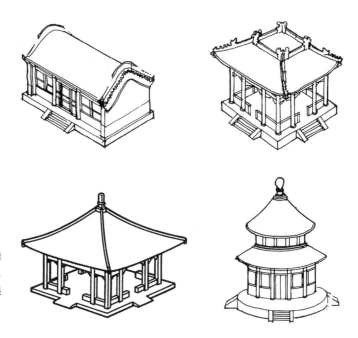

屋脊往外伸展变成独特的"推山"形制，放弃屋脊成为卷棚，屋脊收缩直至变成个点，就是"圆攒尖"了。

北京紫禁城角楼

以两个重檐歇山式屋顶相交，组成 28 个屋角、72 条屋脊的复杂结构。云南景洪地区之傣族佛寺景真寺庙，足足用了 10 个屋顶重叠在一起，组成 80 个悬山面，240 条屋脊。原来的工程结构，一下子就成为了具有高度欣赏价值的造型。

屋顶上的展览

　　"结点"如此沉重，庞大的屋顶坡面上一排排互相紧扣的瓦筒，非要牢牢钉固不可，覆上钉帽，这些钉帽就变成屋脊上的仙人走兽装饰。

仙人走兽

　　最高级的屋脊上有九个装饰（钉帽），分别是龙、凤、狮、海马、天马、狎鱼（鳌）、狻猊（披头）、獬豸和斗牛，再加上最前面的仙人作领队。故宫太和殿地位特殊，后面加上第十个的行什，突显其高级中的高级位置。

　　走兽内的"龙"，是龙的其中一个儿子，名字叫做"嘲风"，性格喜欢冒险，爱站在高处，傲然张望吹风，与鸱吻（龙先生）、鸱太太一门三杰在屋顶上下各守岗位。不同的工程结构，带着不同的性格和感情，瓦筒上的钉帽就变成一队仙人走兽了。

　　中原文化，自春秋战国之后就陆续渡过长江，翻过终南山。

　　北方稳重含蓄的"古典"装饰风格，从天子脚下走到了风光明媚的南方，与鲜明的季节、植物一起组成热闹哄哄的节奏。

　　宋代出现的砖雕，清代工匠称为"黑活"（《中国古代建筑技术发展史》），意思是不受等级制度约束的装饰操作，深受民间欢迎。南方活泼的民风，在砖雕泥塑上表现无遗。

> 　　坡面接缝成为屋脊，屋脊相交／衔接的地方，是屋顶结构上最脆弱的部分，加固和防漏工程至为重要，这个"结点"便是"鸱吻"努力咬着之处。垂脊不往外跌，因为有一队仙人走兽在牢牢地"坐"着。

行什（猴）

斗牛

獬豸

狻猊（披头）

狎鱼（鳌）

天马

海马

狮

凤

龙

鸱太太

太和殿（建于明永乐十八年，
1420 年）正吻高达 3 米，重
近 4000 公斤。

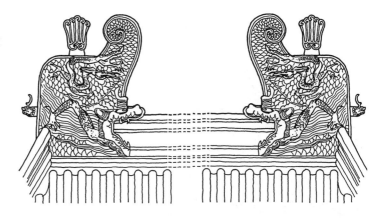

　　"帝力于我何有哉"，于是江南的建筑，一方面既有明快的青瓦
白粉墙，另一方面也出现了将整个屋顶视为戏台，上演热闹非常的
场面。

　　牢固的砖石结构应付得了飓风豪雨，可载不下南方的满腔热情。

　　广州陈家祠，是陈姓望族的同乡会馆，一番心思都表露在屋脊上。

广州陈家祠的屋脊装饰

> 福建、广东、江西、
> 贵州、云南及浙江南
> 部，北负南岭山脉，
> 东南临海，资源丰富，
> 土地丰饶，山有苍郁
> 之树林，地有无数之
> 江河。民气较中部更
> 为活泼进取，建筑富
> 奇娇之精神。〔日〕
> 伊东忠太《中国建筑
> 史·总论》）

瓦

最迟在公元前 11 世纪出现，目前最古老的瓦饰实物是周代的瓦当（公元前 8 世纪）。秦砖汉瓦，汉代的瓦当制作精美，在小小的圆面上铸刻着瑞纹及吉祥文字，像图章一样，说瓦当是中国古代建筑上的"平面设计"部分也不为过，上面最长的文字足足有 12 个（"维天降灵延元万年天下康宁"及"天地相方与民世世永安中正"）。有些瓦背上居然铸着盗瓦者死的严厉警告，可想其珍贵程度。

一般板瓦及筒瓦的排列亦会组成不同的视觉印象，瓦当的花纹及字饰，简直是集图章篆刻和平面设计于一身的作品。

《清明上河图》中宋代的屋顶坡度最陡斜的为 1∶1.5，最平缓的也有 1∶2，除了防漏的需要之外，宋代以后，都市繁荣和建筑技术的发展，高耸触目的大屋顶自然就成为豪富之家竞相炫耀的部分。宋代琉璃瓦大量增产，屋面装饰性瓦件日趋丰富。

屋顶上的"展览"加上屋檐下的"画廊"（梁枋斗栱彩画），做成极为艳丽夺目的效果。

战国瓦当

独立的屋顶

翘起的檐前挂着雨水，飞来燕子双双，"帘外余寒未卷，共斜入红楼深处"，正是最常见的图画，中国人的屋顶实在太美丽了，美丽到可以独立欣赏，独立的屋顶叫做"亭"。

上面是如翚斯飞，这里有亭翼然！

亭，本来是古代的地方行政机构。大率十里一亭，亭有亭长。（《汉书·百官公卿表上》）（高祖）为泗水亭长。（《史记·高祖本纪》）

亭后来演变成为设在路旁、园林或风景名胜处供游人休息和赏景的小型建筑，平面一般呈圆形、方形以至多角形，大多有顶无墙，有窗槛的亭形建筑叫做"亭轩"。（《汉语大词典》）

奇异的混乱

亭为赏景而设，本身亦成为被观赏的建筑点缀。"亭亭"是修长挺立的意思，天才的文学家将体态优美、挺拔修长的少女形容为亭亭玉立，很有观赏的意思。

依依惜别十里长亭，大概是指情感的悠长，真个把亭拉长，便叫做"廊"了！这是一条奇妙的公式，再运算下去，我们誓必囊括大部分的中国建筑而陷入奇异的混乱。

姑且再看看：没有屋身的房屋叫做亭，有屋身的亭却未必叫做屋（还是叫做亭），原因是亭是用来观赏风景和休憩的，所以纵然看起来像屋，还是叫它做亭好了。假如这个亭是用来思考温习的，叫它做亭未免教人温习读书之时分心到风景上，我们叫它做轩或斋（名正而后言顺）；如果是临水的，就叫它做榭。架设在井口上的当然叫做井亭子，有窗的亭形建筑叫亭轩。若是临高而建，充满气派的，叫做亭则失诸纤巧，故称之为阁。

这些有趣的混乱使我们明白，古代中国的建筑往往是以建筑物

的功能再加上兴建者的期望而命名的。这情形在谈论到门的时候将会更有趣。

明代（14世纪）有位很出色的园艺建筑师计成，写了本小册子《园冶》，还有一个很厉害的名字《夺天工》，书里面就有各种名称的解释：

"亭者，停也。所以停憩游行也。"

"榭者，藉也。藉景而成者也，或水边，或花畔，制亦随态。"

"轩式类车，取轩轩欲举之意，宜置高敞，以助胜则称。"

"阁者，四阿开四牖。"

"斋，气藏而致敛，有使人肃然斋敬之义，盖藏修密处之地，故式不宜敞显。"

《园冶》记载的是作者治园建筑的心得，而且充满"品味的情趣"，可读性甚高。大家可能又会在别的古籍中找到不同的名称和解释，原因是在漫长的历史里，同样的结构，会因为不同的时代而出现不同的名称和不同的解释，甚至同样的结构在同样的时代亦有可能出现不同的解释。对中国人来说，经过长期经验，彻底的了解之后，对同一样东西有不同的体会是理所当然的。

无论如何，大家尽可望文（纹）生义，看亭、堂、家，一般的屋顶以 一 显示；简单朴素的屋盖，则画成 宀。屋盖一旦以 㞦 表示，结构当然华丽到非比寻常。

现实中亭、家、堂的屋顶有时看起来会差不多，其分别就在它们背后的意义了。

中分屋身

　　严格来说，屋身结构就只有木柱。所以当我们谈论屋身时，就回到木柱上。这些看起来很平淡的列柱，每一条都有着不同程度的细致加工。

　　宋代《营造法式》里特别提到一种将整根柱分为三个等分，上段的柱径向上逐渐修细，变成微微内收的曲线，以减少木柱完全笔直的僵硬感觉，看起来同时又带着木材本身原有生长的稳定特性。

　　木柱有时连下段也加以内收，变成好像一根织布机的梭子般。这种细致的处理手法（卷杀／收分），与古希腊神庙石柱的"凸肚"（entasis）概念如出一辙，将柱顶承接的重量在视觉上通过弹性的柱身顺滑地传到地上。

梭柱，像织布机的梭子一样的柱。

列柱在整体组织上所达到的技术和成就

　　柱网除了利用杀梭柱的做法之外，还刻意向内倾（侧脚），以及将外檐柱由中间开始向两边渐次升高（生起），一旦受到震荡，结构的重心依然维持在一个向内的不变的"梯形"结构。屋架榫卯亦因而更加牢固。

侧脚

　　宋代建筑规定外檐柱在前后檐向内倾斜柱高的 10/1000，在两山向内倾斜 8/1000，四面角柱则两个方向都有倾斜。

柱生起

　　宋、辽建筑的外檐柱子自中心明间向两旁渐次升高，每次升约二寸，使檐口呈现一条向两边檐角升起的缓和曲线。

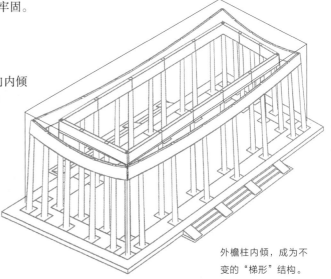

外檐柱内倾，成为不变的"梯形"结构。

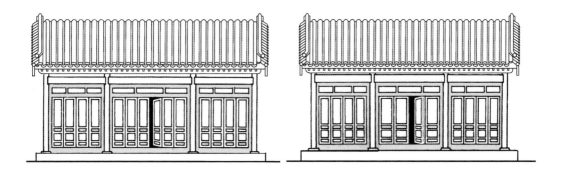

六扇明间（图左）
四扇明间（图右）
槅扇的数目根据间宽而调整，
檐柱仿佛消失在槅扇中。

视觉微调由列柱更进一步与门窗槅扇配合。

卷杀、侧脚、生起的处理方式，到明清时代渐渐减少。

一方面是宋代开始出现的"厅堂"框架结构，内外柱网的高度和粗细作不同的处理，此举无疑是材料力学及空间处理上的进步，无形中亦削弱了斗栱与屋顶梁架密切的杠杆关系。

另一方面，砖墙在明代之后越发流行，支承的构件就不再像以往那样讲究。也许更加讲究，只是不再在结构，而是在修饰方面。

屋身除了大木作范围的柱网之外，当然也包括墙壁、门窗及各种可以在柱与柱之间进行的装修工程（小木作）。

从中国文化来说，墙、门、窗并非一般的墙、门、窗。

古希腊神庙
同样采取了类似柱侧脚及杀梭的视觉调整（optical refinement）。
最大的不同处是"柱生起"向外升起的弧线，在神庙的列柱则是中央微拱，在力学及视觉上平衡沉重的三角门楣。

不 · 只 · 中 · 国 · 木 · 建 · 筑

第十章 —————————————— 屋 身

城、墙、关、门和一扇窗。

墙·城

墙，障也。壁，辟也。垣，援也。墉，容也。(《释名》)

人之有墙，以蔽恶也。(《左传》)

"蔽恶"大可以理解为墙外边的"恶"莫要进来，墙内的"恶"不要外传。

古书并没有将"负重"列入墙壁的功能，是因为责任由柱承担，故此柱与柱之间的墙壁，无论是土木砖石，都可以像衣服般灵活地穿在通明剔透的框格子上。在寒冷的地方厚实，在温暖的地方轻松。

以墙卫国

幅员广阔的中国，就出现了形形式式、各种不同的墙壁，而且可大可小。

世上恐怕只有中国人会企图筑一堵墙来把整个国家围起来，然后又筑一堵墙将每一个城市围起来。城市内，用墙围出宫殿，用墙围出坊里，用墙围绕院，门外有墙，门内也有墙。

筑城以卫国，做郭以守民。最大的墙叫做城，没有人会忘记短短的秦代和长长的长城。

传统的中国建筑是群组式的，像棋子般互相呼应成局。中国人有句话叫——"以大局为重"。建筑的"大局"就是由最外围的墙壁圈出来。以"一座建筑是由一堵墙壁所围拢的房屋组成"的概念来说，一座城就是一座硕大无匹的建筑。然后，万里长城环抱的万里山河，就是个超级的家园了！明清两代京师人口约 100 万，围绕北京内外城墙的面积就有大约 400 万平方米，每一个人平均享用 4 平方米，由皇帝到百姓都在层层围墙里生活。

这个 960 万平方公里的国家，千百年来安然矗立，每一个觊觎这片国土的民族，从跨过城墙的一刻开始，就注定被溶解、消化，越过一堵一堵的墙走进来，走到这个"家"的中心，然后变成这个家的一分子。每一个曾经企图破坏这些城墙的民族，都毫不例外地成为接手兴建城墙的生力军。

在中文里无论"家国"或"国家"都显示"国"和"家"

筑墙卫家

关系的密切，家国同构，只要是一家人，都在墙内。

    古书并没有提过类似涂污墙的事件，反而一再表扬文人雅士在墙壁上大显身手的风流韵事。

    有一天，唐代的玄宗皇帝召来两位当世最著名的画家李思训与吴道子，命他们分别在大同殿内两堵墙壁上绘出嘉陵江三百里的景致。李思训细工琢磨了一个月，终于完成了碧绿辉煌的山水杰作；而吴道子则作风豪迈，"一夕断手"，在期限前的一晚，拿着一桶墨汁连扫带泼地在粉白的墙壁上，泼出浩瀚的连绵烟波来。唐玄宗龙颜大悦，对两位巨匠的作品均大加赞许，谓动静皆妙绝，云云。

独立的墙（九龙壁）有建筑固然可用墙壁来围拢，没有建筑物，也可以用墙来分隔空间。

屏风是可以移动的墙墙甚至搬到花园里

古今中外的墙壁，有的是令人神往的故事。

古人兴之所至，就大笔一挥，由芭蕉叶一路写到墙壁上，又是题诗，又是作画，白粉一刷又再来过。中国人的墙壁，就是一张纸，书画诗词共存。庭园中树绿如墨，日光月影，轮番调色，粉白墙壁更是一幅会移动、会长大的画了。有清雅，便有俗艳，朱砂涂壁曰红壁。汉武帝弄出个桂柱椒壁的温室，鲜花未绽放，墙壁径自吐芬芳。

"沉香亭北倚栏杆"，沉香加上杨贵妃，自然满亭既香且艳。贵妃的哥哥杨国忠更加用沉香木起楼阁，檀香木造栏杆，而且充满创意地以麝香和泥作墙壁，香到不得了。

石虎以胡粉和椒涂壁，曰椒房。(《邺中记》)

温室，武帝建，以椒涂壁，被之文绣，香桂为柱。(《三辅黄图》)

杨国忠初用沉香为阁，檀香为栏，以麝香筛土和为泥饰壁。(《天宝遗事》)

香泥作墙，兰房椒壁，未免奢侈。粉白虚空笃守静。面对墙壁，还可思过好参禅。

蜿蜒的漏花墙

木建筑的墙

十分重视墙壁的中国人，反而在处理他们的建筑的墙时却不做积极的隔断。《辞海》里，墙的解释除了是障壁之外，第二个解释便是门屏。

这些墙，要么便空灵剔透，要么便薄如屏风，也许这些本来就是屏风，只不过是安装在建筑物的外围，故此唯有以"墙"视之。宋《营造法式》的装修种类称这些轻巧的墙为槅扇，是可以随时迎接和风丽日、观赏精心布置的庭园，或进行宴会游乐。在不同的季节，甚至会为一线温柔的夕阳而敞开。这种可以由外至内的灵活间隔，在7世纪被介绍到朝鲜和日本。

唐代之前，中国尚未流行桌椅等高家具。当时的房屋，一般较后世为低矮，在宽阔的出檐之下，甚至出现用帷幔为墙、珠帘为壁的方式；清风翻罗帐，仿佛雨珠飘动；把珠帘挂起，犹如将雨水露珠一并卷到室内，建筑空间和大自然空间并没有丝毫阻阂。20世纪的建筑最为人所称道的，正是运用玻璃幕墙来打破一直被封闭的建筑空间！

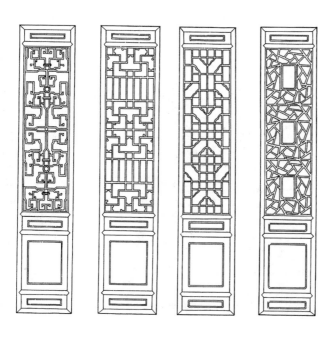

从左到右：
整纹川如意心
青条川万字纹
井字嵌凌纹
冰凌纹玻璃

槅扇

　　木结构建筑的墙壁，往往由门窗组成，但是说墙壁就等如门窗，却又并不尽然，有些框架式的建筑，会在柱间用砖石泥土叠砌一堵矮墙来强化结构，矮墙上面（墙壁的上截）再以木材装嵌。有些时候，尤其是明代之后的民间建筑，都会考虑到经济及防火的问题而将两侧山墙用砖叠砌，这种砖石并举的建筑，依然会将最体面的正面用木料来发挥。（请参阅屋顶的形制）

将围墙虚化：

- 漏窗
- 漏花墙
- "围墙隐约与萝间"：
  垂直绿化（两个叠面）
- 加添游廊列柱

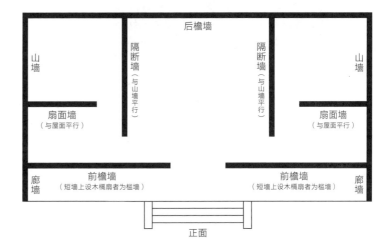

虚化了的廊墙

门

关·门

"门堂之制"始于汉代的《三礼图》，从此定下每一个阶层的住屋形式，"堂"是主体，"门"是面目。什么门就什么堂，表里如一，不得混账。

打开门，我们便返回温暖的家园；打开门，我们便回到自己的国家。

保家卫国的门，叫做关。一夫当关的关，由东面的山海关，一路到西面的嘉峪关，六千多里的城墙，由公元前 5 世纪春秋战国开始，恪守着中国的边陲要塞。

羌笛何须怨杨柳，春风不度玉门关。（〔唐〕王之涣）关外大地苍茫，春风却步，商旅历尽艰苦将玉石从西域带回中原，关门在望，仿佛已见亲人倚闾相望。（闾，里门也。）

劝君更尽一杯酒，西出阳关无故人。（〔唐〕王维）出门和出关不可同日而语，关就多了几分对命运的感触。

我们说过没有其他民族会像中国人那么热心去建造屋顶，我们也说过，没有其他民族会像中国人那么积极去垒砌墙壁，现在我们将再加上，没有一个民族，会像奇妙的中国人那么重视门。

传统中国建筑在没有建筑物时，可以有一堵墙。现在，没有一堵墙，也可以有一道门。门的意象，甚至比屋顶和墙壁更为抽象。

阙

阙者，缺也。在古代，中间没有屋檐的门谓之阙，"不知天上宫阙，今夕是何年"（苏东坡《水调歌头》），苏大学士是宋代人，当然不知，因为隋唐以后，陵墓神道上阙的位置都由石柱（神道柱）取代，更可能和华表融合在一起。（梁思成《敦煌壁画所见的中国古代建筑》）

阊阖：最高级的门。　　阍：宫中之门。　　　　闱：宫中比阖小的门。

闳：比闱小的门。　　　闉闇：城之重门。　　　　阛：环绕市区的墙。

阓：市区的门。　　　　阛阓：引申为城市。　　　閈：庙门。

阙：门观也。　　　　　闾：里门。　　　　　　　闾：里中的门。

闶、阆：巷门。　　　　闼：楼上户。　　　　　　閤：宫中小门或楼阁门户。

阖：门扉也，闭也。　　闻：谓外可闻于内，内可闻于外也。　　门：从二户象形，入德之门，忠义之门。

华表

华表的来源尚是个谜，很像部族时期的图腾。古籍记载是象征有纳谏之仁的柱，是当然的路标。

两根华表并列，架上横额，就是一座只有门的建筑，叫做牌坊。

牌坊

牌坊本来就是一道奇异的门。一道可以将人带进文化历史里，可以打开不同性质空间的门。

一座牌坊，可以打开一个小区、一座庄院、一座寺观、一座陵墓、一所学校或一间酒家、一个著名的风景甚至一座山。牌坊可以为一个动人的故事、一段忠义的事迹而设，为某一个大型的庆典而临时建造，有时会因时节、为环境或建筑物加添新衣，有时又会单单为表扬一个妇女的贞节淑德而大事铺张。

斯门也，无处不开。

在巴黎城西 La défense 建起了座现代的凯旋门，门前立碑为记。写着"在这里，我们为这个世界开了一扇窗"。当 La défense 的凯旋门企图为地球打开一扇窗去窥探宇宙时，曾几何时，泰山之巅的南天门却尝试为无穷天界揭开一道序幕。

哲学家形容中国人追求的是圆通的"智慧"，这个睿智的古老民族有一套令人羡慕不已的思维方式，当你走到一条路的尽头时，偏偏就有一道敞开的门，提醒你有限的路已走完，无限的路还未开始，门上匾额有时会写着一句古训，教你"回头是岸"或是"止于至善"。使你进退维谷，要你反躬自省。

最能代表这种意趣的，大概便是古代隐士茅庐前虚设的柴门，虽然不能阻止阁下硬闯，但我有一道虚掩的"门"，诸方君子，要么请先敲敲门，要么谢绝探访。

虚设柴门，访友扬声。

门楼

　　门在中国，比屋顶更有条件去独立存在。重要的门，甚至比一般房屋更高耸辉煌，在这情况下，门堪称高楼，故名之为"门楼"。

　　山河千里图，城阙九重门。不观皇殿壮，安知天下尊。（〔唐〕骆宾王）汉代的古老记载强调，皇帝至尊，非九道壮丽的门不足以显其威风。

1. 关门	6. 库门
2. 远郊门	7. 雉门
3. 近郊门	8. 应门
4. 城门	9. 骆门
5. 宫门	

　　贵为明、清两代首都的北京城，从南面城门开始，向北走到朝觐天子的太和殿，便有七座雄伟巍峨的门楼，将京城中轴大路的空间，渐次推起天朝皇帝的绝对威望。"门"在这里一方面扮演着御林军的角色，另一方面开启封建时代天子的威望。门居高临下地监视着平民百姓，告诉大家从什么空间开始，什么空间终结，告诉我们在天子脚下是何等渺小卑微。在笔直宽阔到令人茫然不知所措的大道上，门使人有所凭借。

故宫午门

　　防之俗作坊。（《说文解字》）里坊是从城市空间到居住空间的过渡（同时又是行政管治单位的过渡），胡同则是从都市、里坊进入私人宅院的最后空间层次。同样的层层过渡，在进入宅门之后又再重新开始。

　　门楼的基座是用硅石夯土筑建的，楼则是木材所建，牌坊初时也是木结构，改用石头之后，看起来还是木结构。

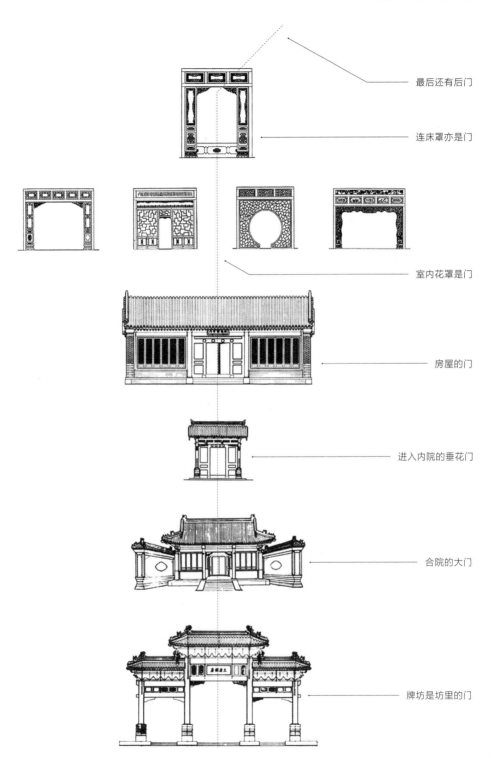

最后还有后门

连床罩亦是门

室内花罩是门

房屋的门

进入内院的垂花门

合院的大门

牌坊是坊里的门

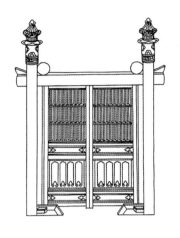
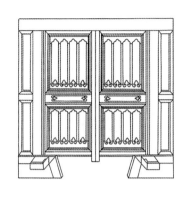
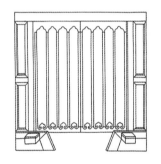
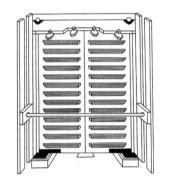

《营造法式》内的木门样式

閪 門 闤 闃 闲 闋 闠 閲 閨 閉 聞 闡 闣 閔

闈 闍 闇 闟 閤 闆 闌 闝 閡 閶 開 闑 閨 閦

闐 閅 閘 閾 閠 闚 閆 問 闒 闦 閤 閾 闗 閃

闉 閥 闥 閣 悶 閟 闞 問 閕 聞 闠 閸 闧 闋

閭 闓 閘 闇 閆 闡 聞 閔 閛 閃 闇 閼 間 閣

　　门内可以有很多不同的字，就是没有"山"，"开门见山"就显得太直接了。打开门，意味着开始一切"公开活动"，如果将各种官样仪式剔除，门根本就用不着那么大。缩小了的门，叫做窗。

　　窗和门的构造差不多，所以也叫做"窗门"（两扇为门）、"窗户"（单扇为户）。窗的尺寸一般都较门为小，就是不要太多繁文缛节。

　　在墙曰牖，在屋曰窗。（《说文·囱部》）

都是门

窗

凿窗启牖，以助户明也。（《论衡·别通》）

大家早上起来打开的不是窗，而是"风洞"（window），窗有比风洞更大的意义。明字的部首"日"，原本就是一个囧（窗），可以让我们看到月亮的才是窗。

伯牛有疾，子问之，自牖执其手……（《论语·雍也篇》）弟子冉伯牛患了病，一本正经的孔夫子，到了关心情切时，也会直接从窗外执手慰问，窗就比门流露更多真性情。

李后主老是倚着栏杆长叹息，还道只有这个皇帝多愁善感。竹影横窗知月上，花香入户觉春来。（清世宗胤禛，1678–1735）原来一开窗，作风硬朗的雍正也禁不住流露出一点温柔。美学家最推举回廊上的窗棂，风霜雨雪的天气里一样可以开窗眺望。

由本来简陋的板门洞窗一路演变成为精巧的专门制作，宋代《营造法式》将门窗归纳在外檐装修的部分，可见门窗在装饰上是多么重要。

窗既然不来"官式"这一套，官方制定的格式定例，就远不及民间活泼丰富，清代富庶的江南城市苏州，单是庭园窗花图案就多达千种以上。镂空的图案在不同的光线下，充满浮雕的趣味。

汉代明器中的横披窗

窗从囧，取窗牖丽廔闿明之意也。

伊斯兰世界的建筑，因为地处沙漠，普遍利用石造的通花屏来作门窗屏风，不但增加采光通风，同时又得到瑰丽庄严的装饰效果，不少现代建筑，亦会采取同样的手法来加强建筑物的质感和艺术性。

窗的款式多不胜数。巧手的工匠，根据主人的喜好，加上自己的灵感，随时随地创出新的图样来。

世界无论何国，装修变化之多，未有如中国建筑者。兹试举二三例于下：先就窗言之，第一为窗之外形，其格式殆不可数计。日本之窗，普通为方形，至圆形与花形则甚少。欧罗巴亦为方形，不过有圆头或尖头等少数种类耳。而中国有不能想象之变化。方形之外，有圆形、椭圆形、木瓜形、花形、扇形、瓢形、重松盖形、心脏形、横披形、多角形、壶形等。

窗中之棂，亦有无数变化。日本不过于普通方形之纵横格外，加数种斜线而已。棂孔之种类，孔亦只十数种。然中国除日本所有外更有无数变化。就中卍字系、多角形系、花形系、冰纹系、文字系、雕刻系等最多。余曾搜集中国窗之格棂种类观之，仅一小地方，旅行一二月，已得三百以上之种类。若调查全中国，其数当达数千矣。（〔日〕伊东忠太《中国建筑史》）

一道道的门，一扇扇的窗，同时又是一堵墙。

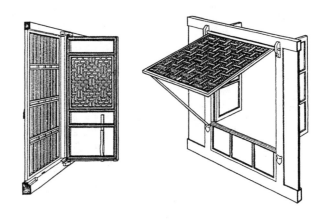

正搭斜交卍字窗格

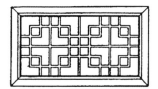

套方

盘长

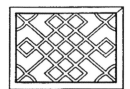

套方灯笼锦

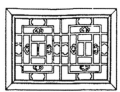

盘长类

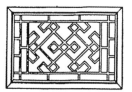

灯笼框

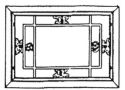

冰凌纹

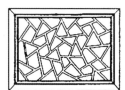

工字卧蚕步步锦

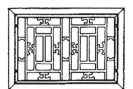

正搭正交卍字窗

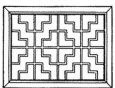

拐子锦窗格

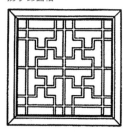

码三箭

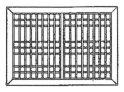

龟背锦

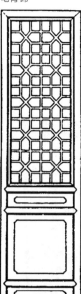

套方灯笼锦

正搭正方眼槅扇

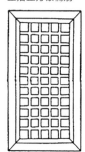

夹杆条玻璃屉

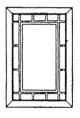

把窗说得最好的是《红楼梦》第四十回里贾母一番话，尽是说窗纱……

　　……贾母因见窗上纱颜色旧了，便和王夫人说道："这个纱，新糊上好看，过了后儿就不翠了。这院子里头又没有个桃杏树，这竹子已是绿的，再拿绿纱糊上，反倒不配。我记得咱们先有四五样颜色糊窗的纱呢，明儿给他把这窗上的换了。"……"怪不得他认做蝉翼纱，原也有些像，不知道的都认做蝉翼纱，正经名字叫'软烟罗'"……"一样雨过天青，一样秋香色，一样松绿的，一样就是银红的。要是做了帐子，糊了窗屉，远远的看着，就似烟雾一样，所以叫做'软烟罗'，那银红的又叫做'霞影纱'。如今上用的府纱也没有这样软厚轻密的了。"……

　　窗纱已经这样，窗更不必说了。

　　另一方面，原始朴素的纸糊窗，可同样充满生活的意趣，"白纸糊窗，个个孔明诸葛（格）亮"是由窗框触发的联句。有时，不禁令人猜想，这些用雪白的纸帛裱糊的窗扉门屏，正是导致中国人的水墨画达到意境无穷的主要原因之一。清代一个著名的画家（郑板桥）就是静观月色映照在白纸窗上的树影而挥洒出满纸烟云的墨竹杰作来。

　　中国画的长方形画轴，分明就是一扇开向精神世界的窗！

　　生活是立体的，艺术固然。官宦富贵的家，可以有"嵌不窥丝"的精美窗扉，一般平民百姓，何尝不可以剪纸糊窗，在生活中创造美感与希望。对骚人墨客而言，不懂得欣赏月夜里的白纸窗，恐怕将会失去大部分的艺术情趣。

　　窗，聪也，于内窥外为聪明也（与外在世界沟通可得智慧）。人要聪明，请多开窗。

乾隆年间名士郑燮（板桥）《竹》："凡吾画竹，无所师承，多得于纸窗粉壁日光月影中耳。""雷停雨止斜阳出，一片新篁旋剪裁。影落碧纱窗子上，便拈毫素写将来。"

不 · 只 · 中 · 国 · 木 · 建 · 筑

第十一章 ———————————— 空 间

都是经验之谈。海德格尔的"壶说"和赖特的心声，老子说通通都"无用"。
有和无，从立面到庭院，从凝固到流动。

"空间"是个涉及复杂的哲学和科学的问题，很多人坚持它是"自存"的（不管是否有人类，空间依然是无始无终地独立存在于天地之间）。然而，对一般人来说，空间的概念都是来自生活的体验和经验。这里很局促（因为我们曾经有过不局促的经验）；这里真宁静（因为我们也吃过吵闹的苦头）。

笼统地说：和谐、大小、庄严等一切空间的概念，都是我们的"经验"之谈。这些经验和体会经过长时间的累积和比较，就成为了每个人以至每个民族的倾向、价值观、文化面貌、风格、偏好，甚至成见。

海德格尔的"壶说"

海德格尔（Heidegger）在他的《诗与语言》里曾经尝试用"壶底"和"壶壁"来阐述"一个壶"，到最后证明这些部分加起来并不等同"壶"的本质。他当然明白用来盛装东西的并不是"壶底"、"壶壁"和"壶柄"。"壶"是那个壶底、壶壁和壶柄之外的空间。

将一栋建筑物分成平面、立面和立体只是权宜的分述，而建筑的真正本质是在平面、立面和立体以外都未能触及的地方，那个未能触及的空间。

赖特的心声

弗兰克·劳埃德·赖特（Frank Lloyd Wright, 1867–1959），近代著名建筑先驱，以有机建筑的概念影响整个西方现代建筑，至今不衰。

直至今天（1940 年代），古典建筑都是致力于外部雕琢，然后将里面挖空出来居住的体积。现代建筑的实体应该是在屋顶和墙壁的空间里，问题是直到今天建筑师都没有意识到。我理解到这是对整个古典建筑传统的挑战……有一天，我在一本书上看到这样的文字："真正的建筑并非在它的四堵墙而是存在于里面的空间，那个真正住用的空间。"正正是我的"有机建筑"（Organic Architecture）的观念，作者是比耶稣早五百年的中国哲学家老子。原来在几千年前已经有人作出同样的判断……经过一阵子的沮丧之后，我开始意识到，老子的哲学何尝不是在证明我对建筑的观念，是符合一个历千百年而不变的客观事实。（The Anatomy of Wright's Aesthetic, *Architectural Review*, Maccormac,1968）

老子说通通都无用

公元前 6 世纪，道家哲学的始创者老聃留下了一篇思想心得《道德经》。这篇只有五千字的经文，两千多年来不断被人反复钻研，对于毕生致力于道家哲学思想的人来说，这些有限的文字，就是无限的意义。

老子

赖特看到的应该是《道德经》里其中的"无用章"："三十辐，共一毂，当其无，有车之用。埏埴以为器，当其无，有器之用。凿户牖以为室，当其无，有室之用。故有之以为利，无之以为用。"

30 根辐条，好像 30 天那样聚合在轴毂上，构成一个满月般的轮，中间空虚，才能发挥车轮的作用。揉捏陶土做器皿，中间没有陶土的地方，才能盛载东西。开设门窗造房屋，正因为中间空虚，才可以居住。

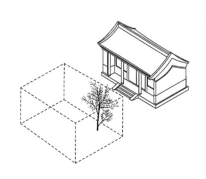

所以一切事物（有）的作用，其实都是由"无"（没有）发挥出来的。"有"是物质；"无"是空间。空间之所以是器皿，是因为陶土的暗示。陶土之所以成为器皿，是因为空间的发挥。

有立面无庭院

立面（facade）原是西方建筑名词，当你走近一座建筑物时，面对着大门入口那一边，便是这幢建筑物的立面——立起来的面目。"立面"包括我们理解的"门面"以及整幢建筑物的前景（front view），是西方建筑物至为重要的部分。建筑师通常都会不惜工本，将立面装饰得气派非凡，务求达到先声夺人的效果。

相对来说，大多数的中国建筑，除了主要入口是带着一些装饰之外，整个外围却往往只是一堵平淡的墙壁。墙头上也许会隐约露出三两林木树梢，掩映着一角飞檐瓦脊，再者便是偶尔传来几声寥落的雀鸟啁啾，实在无甚"视听之娱"。

就算大门洞开，我们看到的只怕将又会是另一堵墙（影壁、照墙）。假如要看清楚一座中国建筑的面貌，就只有走进去，进去之后，看到的当然已不再是建筑物的"面目"了！

直接呈现一直为传统的中国鉴赏法则所讳，中国人乐于在艺术上经营迂回曲折的隐晦效果（含蓄）。最能洗涤尘垢的寺院，最是深入丛林中，既然"夜半钟声到客船"，诗人也未必要亲临山寺了。在七万多个中文字里，并没有自发地组成和"立面"同样"硬实"的建筑专用术语。

不错，如果一定要说立面，中国建筑的立面，可并不是在建筑物的外围，而是"不足为外人所道"地坐落在建筑物里面，时而合拢、时而离散地分布着。

让我们先听听一个外国历史学家的话："中国建筑的意念，是由建筑物内部往外观看的，而不像我们西方社会的街道上，每一幢房屋都竞相向路人炫耀着它的身份和地位……"（〔英〕帕瑞克·纽坚斯《世界建筑艺术史》）

让我们再听听中国建筑史学家的一番话："（中国）建筑的原始面目，由民居至宫殿，均由若干座独立的建筑物组合而成，在离散的平面分布情况底下，每一单元，其实只是整座建筑的一个部分，犹如一个房间之于一幢大厦一样。故此就算最主要、最雄伟的宫殿，若是以一座单独的结构，与欧洲任何著名的石造建筑比较起来，便显得小而简单……"（梁思成《清式营造则例》）

现在我们总算理解了，以一整幢大厦来评价一个房间是多么的不明智了！

在门的一章里我们曾经提过似有还无的有趣现象，现在"无定形的存在"（shapelessness existence）在"立面"上发挥得更为彻底。不同的进深，使中国房屋的立面可以有多种方式存在，甚至消失。屋旁走道固然是建筑物之间的通道，但主要的路却在穿堂而过时出现，走过一间又一间的屋时，每一栋单座的结构，仿佛又变成重重奇异的门了！

古罗马时代的万神殿（Pantheon，建于 118–125 年），被誉为西方古代建筑中不可多得的室内设计杰作，神庙内，高 143 英尺的穹顶天花中央开着一个大圆窗，通过这个天窗，骤雨阳光一度在神殿里映照出彩虹。然而在之后的千多年里，骤雨阳光和彩虹都得依靠画家在天花、穹顶墙壁上一笔笔地涂抹出来。甚至连光线剪影也重新染上颜色（教堂内色彩斑斓的玻璃窗）。

直至现代框架式建筑出现（原理和木结构一样），才重新进行建筑与大自然交融的试验。

立面和庭院，仿佛是一个从外面欣赏的复活蛋和一个表面平凡的皮蛋，中国人开辟的是另一蹊径。

苏联时代的美术史学家勃鲁诺夫在《建筑历史》里用"像电影一样引人入胜"来描述古希腊卫城（Acropolis）山头上神庙布局的不同面貌，一再强调杰出建筑空间所具有的"时间效果"。如此说来，又是日出、又是月落的中国庭院，就实在是好电影了！

深深

一代宋词，写尽满庭芬芳，总是环绕着一个深字。庭院深深，外国人惯称中国庭院好像开启不完的匣子，开完一个又一个，进入一个院又一个院，好像走在一卷横幅画轴里。信步闲庭，层层进深，一下子寂寞梧桐，一下子星落如雨。

"建筑是凝固的音乐"，并不完全对，重院纵然深锁，大自然的节奏依旧在流动。春夏秋冬的音符，原是要人用心去倾听。

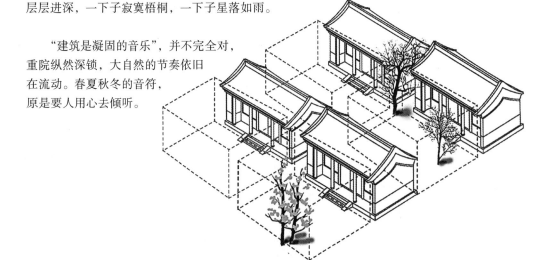

凝固与流动

　　钟表不停地运转，时针所占据的是空间，所记录的便是时间。好大的金字塔占据好大的空间，建造金字塔所用的时间是 30 年。清香一炷是空间，罚你跪一炷香是时间。

　　西方人自古就在艺术上将时间和空间分成两个范畴。舞蹈、音乐和诗歌展开的是"一个充满美感的过程"，属于时间的艺术。绘画、雕塑和建筑，是将一切凝固在一个"静止和统一"的空间里。时间和空间，一动一静，各展所长。

　　从古希腊的帕特农神庙一直到巴黎歌剧院的两千多年里，西方建筑一直都在进行着利用一块块雄伟厚实的面(墙壁)来围堵空间的工程。无论建筑物是如何的庞大，在本质上依然是一个与外隔绝、封闭的独立个体。

　　作为一个独立的整体，中国人曾经在"高台榭，美宫室"的时代实验过（请参阅《高台篇》），然后又把它重新溶解成流动的时空，将每一栋建筑，音符般洒落在五线谱上。

　　到底是应该留住早上的一刻晨曦（凝固），还是慢慢体验从第一线晨光到最后的星辉（流动），并不存在孰优孰劣的问题。因为，我们都知道这便是每个民族的倾向、价值观、文化面貌、风格，甚至成见。

不 · 只 · 中 · 国 · 木 · 建 · 筑

第十二章 ——————— 宫室之旅

本是随便走走，后来登堂入室，

宫闱令人感触，古人归来说院。

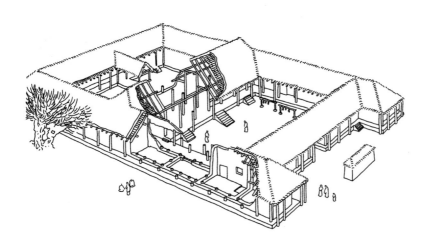

这是最初的宫室模样，建于三千多年前的商代，已经出现由廊庑围合而成的庭院。主屋是四个坡面的重檐庑殿式屋脊。同时亦出现堂和室的布局。到了周代，合院式的布局已经完全成熟。

距离目的地还有一段路，我们便要下车，仿效古代官员——到此一律下马。

我们手上拿着战国初期编纂成书的《尔雅》、宋元时代绘制的《尔雅音图》、现代考古学者的复原图、一些现存的四合院资料，图文并茂地穿梭于古往今来的各个时代。

《尔雅音图》内的建筑物已是唐宋风格，不过古代的庙、宫、室和大型的住宅基本上都是依据大致相同的格式兴建的。由三千年前到近代，由帝王的宫室到民间的四合院都沿用着。这种不可思议的延展力，在其他文化里恐怕唯有宗教才会出现。不过，这一次我们只是随便走走，并非朝圣。

罘罳的警惕

罘罳（音浮思）又名复思，取反复思量之意。

中原气候，形成坐北向南的传统，大门开在正中，显示它的贵族气派，唯有皇室才吃得消从正南面而来的气脉罡风。纵然如此，大门入口亦隐藏在一堵独立的墙壁后面，以阻挡作为开始，这只有在中国才会出现。这堵泛称照壁的墙，在古代有个很有意思的名字——罘罳。提醒一切进出的人要恭敬肃穆，帽子歪了要扶正，整顿好衣襟，穿高跟鞋的男女请放轻脚步。总之，莫要作非分之想。

请大家慢慢走，建筑的布局虽然按中轴对称安排主次高矮，走道可是尽量避免刻板的直线，从户外到户内，曲曲折折的，罘罳墙壁一再出现，就是要我们慢慢走。

独立的照壁只起令视线和走道更显曲折深幽，以及警惕的作用。真正负起隔断功能的，是从尊重与自重所建立的礼开始的。

宁候

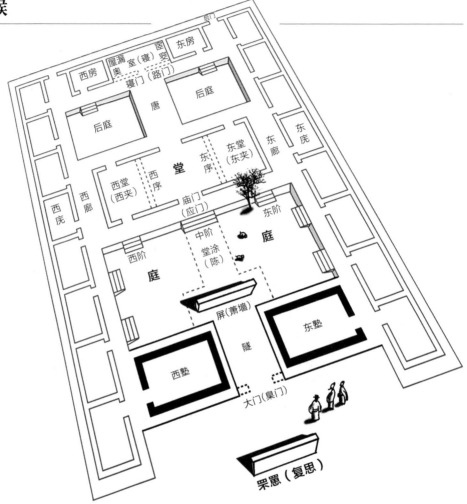

　　我们不会忘记，这正是孔子宣扬礼教的年代，所以臬门（高大的正门）虽然静悄无人，我们也照例伫候一会，因为这处就叫做宁，访客得礼貌地在此等候通传。好事者就算东张西望，也不会看到些什么，因为婆娑树影间，当前又是一堵墙，墙如屏障，古名就是"屏"，同时也叫做"萧墙"，取严肃之意（古字萧、肃共通）。"祸起萧墙"便是指在这堵墙内的骨肉相争，意味着整个家族面临崩溃的危机，非常不妙。

　　绕过这堵墙，我们才算是正式进入这座建筑物的前庭。

前庭

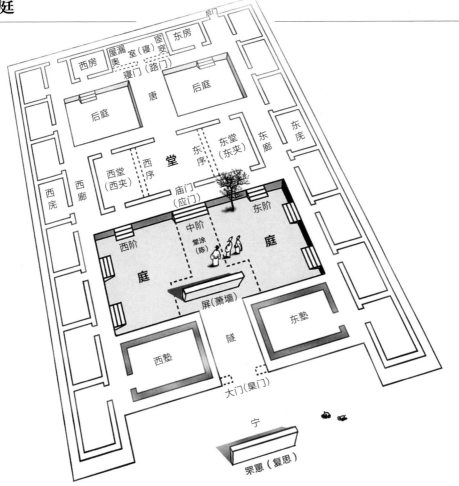

这是入门之后第一个露天庭院

小到只堪透气的叫做"天井"

　　庭可大可小，小者不足一平方米，大则可以超过三万平方米。假如这里是皇宫，而我们又是古代官员的话，这里便是朝见帝王的"朝廷（庭）"，院落自然大得像广场。"中庭之左右谓之位"，众官员在庭里按官阶分班左右肃立，各就各位。

　　这座建筑若是宗庙的话，每逢祭祀，祭品司乐便是陈列在这里，所以同一个地方，用来朝见的是朝廷；用来祭祀的便叫做陈。小到只堪透气的叫做天井。

　　帝王的前庭好严肃，为安全计，荒芜得像沙漠。"榆柳荫后檐，桃李罗堂前"，一般人家前庭总栽种着树木。当年孔子在庭中设坛讲学，坛前种有杏树，"杏坛"自始就成为追求知识理想的地方。孔子谢世之后，他的学生子贡在孔林（陵）院落里种下楷树，遥对周公墓前的模树，一在山东，一在河南，构成了中国文化的楷模。瞩目的人的一举一动随时都会变成我们的典范。

　　故事说之不尽，再下去，恐怕一入前庭便要生火照明了，《诗经》里提及的夜间"庭燎"，篝火烧烤就是在这里进行。

　　夜如何其！夜未央！庭燎之光。君子至止，鸾声将将。（《诗经·小雅·庭燎》)夜色如何啦。长夜未尽。庭中的篝火烛光尚未熄灭。已经听到诸侯摸黑早朝的马铃声了。

廊

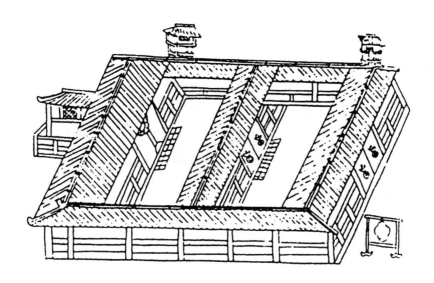

设有房间的回廊为庑廊

对于一般大型住宅，庭是一个带着半公开性质的活动地方。大家不妨溜达溜达，可以看的东西不少，例如环绕着庭的四周的有盖通道。这条天气恶劣时的走道，最初的时候亦是院落的外墙，保卫着偌大庭院，之后慢慢演变成为曲折迂回的廊道——回廊。廊外景致，廊内装饰，无论看与被看都那样诗情画意。大家总算体会到什么叫做"画廊"了吧。

长廊不但走出诗人，也走出商人。宋代汴梁（开封）的大相国寺，每逢庙会都开放用作民间的摊贩市场，墟期时万人齐集在寺内广场的庑廊进行交易，热闹非常。（见《东京梦华录》）

廊又是庭院和园林的导游线，将观赏点之间的距离弄得蜿蜒曲折，本身也成了被观赏的对象，一旦遇水飞渡，便是一条有顶盖的桥。

登堂

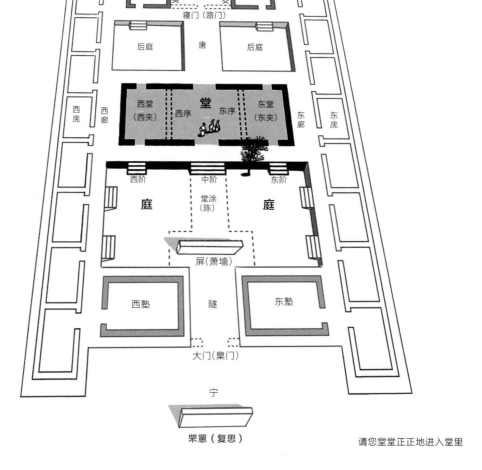

请您堂堂正正地进入堂里

　　前庭对正中央的便是一座建在高台上的主体建筑物，是帝王的殿"堂"、"宫"殿，宗庙的"太庙"，平民百姓供奉祖先的"祠堂"、"家庙"，明清之后称之为"厅堂"，是进行一般祭祀、议事及接待客人之处。

　　拾级登堂，按照礼数我们最好沿"西阶"走上去，因为另一边是主人家的"东道"。在正常情况下，主客都会堆满笑容，隆重其事地："请、请、请……""请、请、请……""请、请、请……"互相辞让三次，才开始迈步。（见《周礼》）

尊重无分中外，正如西方人在观看完歌剧之后，不论是否好看都认真鼓掌，直至表演者再三谢幕为止，以示"我是一个有教养的人，我是多么尊重您"。既然已经礼崩乐坏，大家走着瞧吧！

宫殿在东西阶中间更有专供帝王使用的陛，陛上本来梯阶的地方雕着龙纹祥瑞，"陛下"坐着轿子从陛而降。在堂前的月台，大家居高临下，既可检阅整个庭院，又可近距离欣赏一下整个建筑群最体面的堂。

跨过应门（堂门），大堂内有东西两堵叫做序的墙。据《说文解字》说，"序"是用来分开内外的。主人在登堂见客时，少不免会礼貌地在"序"前先来个"今天天气呵呵呵！"客套一番然后才入正题，大概便是我们今天那套言不及义的所谓"序言"了。序之后的堂室便是主人的东西"厢房"，没有厢房的话，寝室就设在后庭，那是主人的私家内院。

作为访客最好止步，贸贸然登堂入室，于礼不合。作为游客我们就"失礼"地当自己是主人那样走进去。

宫闱

我们可以取道中堂两侧那道叫做闱的小门洞走进内院。一条长长的衖（巷），昏暗的光线中，小小的"闱"门，更小的"阁"门，一道又一道，似乎还残留一页页如泣如诉似的"宫闱"故事，禁宫墙内，富贵尽管富贵，却带着挥不去的忧郁，早知如此就直接穿堂而过好了。

我们宁愿这里不是宫殿，是大户人家的话，内院可总不会尽是惆怅吧！进入大户人家的内院，我们很可能就看到一丛凤仙花，可能就听到细碎的砸声，"摘取阶前指甲草，轻矾夜捣凤仙花"，这户人家准有个千金，染红待字闺中的指甲，连同女儿家的心事像落花那样飘落在琴筝上。内院果然是闺、阁的天地。

墙里秋千，墙外行人笑。再详尽的复原图恐怕也不能令我们体会到"盼望"和"焦虑"的细腻分别。原来"风送莺声穿曲巷，春移柳色度重门"的诗意，对视"等待"形同惩罚的我们来说，当春风还未吹进最后一道门时，我们大概已经鲁莽地以为春天已经过去了。

寝室

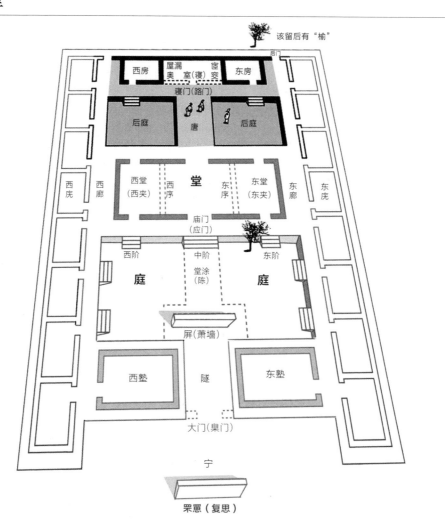

后院最主要的建筑物是室，男主人的寝室，皇帝的路（大）寝，不论寝门或路门都与堂门及正门成一直线。隐蔽如室者也有一定的格式，首先在正南面开设临院窗牖。

西南隅谓之奥，奥秘的奥。西北隅谓之屋漏，漏的是光。东北隅谓之宧，宧是颐养进食。东南隅谓之窔，窔字不可解。宇下，总不会是交谈吧。

正室的两旁是偏房、侧室，顺延开去便是闺女、侍婢的房间。

拐个弯便是后门，从这里出去，就算不是大片私家园林，可能也会种着三两榆树。"榆柳荫后檐"，事事都应该留后有余。

我们意兴阑珊地返回那个叫做走的地方准备走了。刚出皋门（高大的正门），回头一望，忽然在堂阶前的步，和堂门前的趋出现一班人，在暮色苍茫中，亦步亦趋地向我们挥手道别，但见人影幢幢，分不出唐宋元明清，只听到……

"欢迎光临，老夫东家，我走东阶。上有高堂，携内眷及家人躬送。下次再来，容老夫作个东道，大排筵席，宴请各位。"
"妾身正室。"
"妾身偏房。"
"奴婢是陪房。"
"我是东庑大房。"
"我是西庑二房。"
"我是后院尾房。"
"我是西席，家庭教师。"
"小人管家，这几个是厨房、门房，都是家丁下人。"
"小人护院，粗人一个。"
"我们几个都是同堂兄弟，不是外人。"
"诸位好走哇。"

东家、高堂、正室、偏房、东庑、西庑、后院、厨房，整座建筑都在说再见。爬上汽车，仍然依稀听到东西塾琅琅书声，西厢连篇韵事，偏房最是无奈，声声呜咽。

室中谓之时，堂上谓之行，堂下谓之步，门外谓之趋，中庭谓之走，大路谓之奔。（《尔雅》）

没有警惕、尊重、肃穆、自我抑制和盼望，一本战国初期编纂成书的《尔雅》，一幅宋元时代绘制的《尔雅音图》和一张现代考古学者的复原图，显得特别苍白无力。

说院

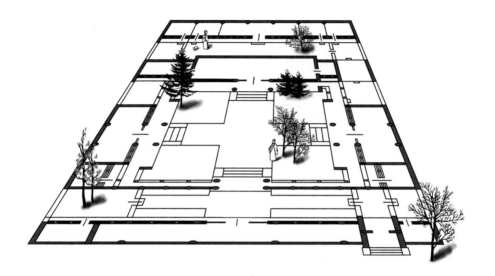

　　古人说："我好像是没有离开过自己的家一样。因为我的家，是一座四合院。

　　"游览比我更古老的古代宫室那种稔熟的感觉，反而令我对自己居住的四合院增添一种奇异的'历史感'。原来大厅那块'诗礼传家'的牌匾，是那么的真实。那么，我的祖先会不会像我一样，在睡不着的晚上，走出庭院，看着同一个月亮呢？我在想，在家外月亮总是在照着别人；院子里看到的月亮可像自己家人一样，随时都愿意和你闲话家常。

　　"我忽然发觉，院子其实就是将天地划了一块放在家里，一个可以让树木从家里向天空生长的'房间'。

　　"平时听人家说，水墨画的最高境界是用笔触在宣纸上表现没有笔触的空白部分时，我一直都不明所以，直到这刻，我发觉四合院的中央就是一个没有房屋的'空白'院落时，不禁有点吃惊。嗯，但愿这只是巧合，因为从来都没有人认为，房子和艺术会有什么关系，但我却不由自主地想起'虚怀若谷'这句话来。

　　"也许我不应该将这个小孩子嬉戏，老人家在日光下打盹，妇女做针黹、晒菜干、堆煤球的院子附会到'意境'上。虽然有熏风流萤，毕竟也有蚊子成群。

"我终于说服自己，房子并不是意境；蚊子也不是艺术。院子里，茉莉微闻，秋虫唧唧，什么都有，做什么不可以？"

广告

院卖识家

三进四合院，占地两亩有余，主屋宽敞；
从屋十八间，一律清水瓦脊，方正平整。
特别适合代代同堂者，一享伦理亲和融融乐也。
人丁旺盛者可随意顺序扩建。
合院外墙坚固封闭，门禁深严，闹静得兼。
对外为府上私家天地。
对内则全乃阁下私家广场。
内院深幽宁静，为女眷加设鱼池花卉秋千瓜棚。
进进日照风足，林木扶疏，满庭绿荫。
或攻读休憩，或工作晒曝，悉随尊便。
对院屏门皆活动槅扇，方便宴会节日，
大排筵席，至为体面。

另：全国南北，凡一颗印、三合院、四合院以至大型府第者，垂询指正，无任欢迎。

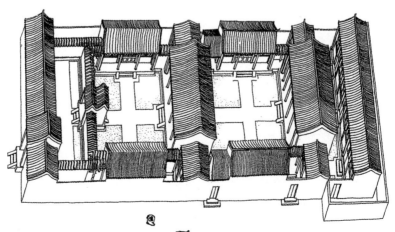

不 · 只 · 中 · 国 · 木 · 建 · 筑

第十三章

四合院

一则广告，略述四合院。阿院遇见阿楼，当堂无话可说。

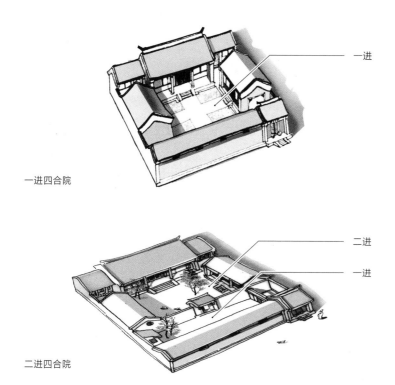

一进

一进四合院

二进

一进

二进四合院

　　合院式的布局，严格来说并非一种建筑设计，也不是两三个人的意思，更不是某一位大师的创见。它是一种生活的"结果"。

　　最初的庭院，显然是基于群居和自我保卫。城邑出现之后，庭院的外墙就主要是用来划分内外公私。古代的宫，本身就是个城，唐宋之后，城内的宫就缩小变成小组的庭院……扬弃城邑的防御性，保留廊庑内里的鉴谧宁静，予居住者在庭院内的"户外生活"。（梁思成《敦煌壁画中所见的中国古代建筑》）

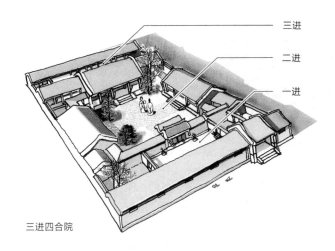

三进

二进

一进

三进四合院

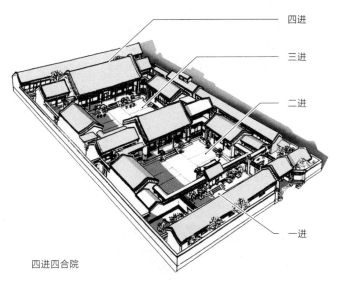

四进

三进

二进

一进

四进四合院

换言之，将一般的庭院扩大便是一座宫殿，将宫殿扩大便是一座城邑。

庭院内的回廊仿佛是第一堵只有柱的墙，第二堵就是可以随时开敞的门屏槅扇。环绕着庭院的房屋，相对来说，也可以视为合院的"外墙"。院内一道道的门（或者一座座的门屋），不过是显示空间的性质而非切断，容许本来孤立在中央的庭院气息，自自然然地渗透到每一个角落。

东西方都有合院，只有中国的合院是将户外变成屋内的一部分。

一颗印

基于经济条件或阶级限制，庭院概念甚至变成只在中间预留细小的天井，用作采光、通风、排泄雨水和收集雨水等用途。

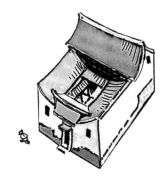

南方炎热，阳光猛烈，院落就以南北长轴为主。建筑物聚合，来抵抗季候性风雨。

北方天气较为寒冷，庭院相对较宽敞，建筑群分散，且将东西轴延长（增加冬天日照时间）。

户内的生活，配合"户外"的条件

合院一住就几千年，实用性固然不在话下，更重要的原因就是将整套中国人的伦理观念现实化。主屋排列在中轴主线上，左右次第将整个家族的血缘亲和，尊卑秩序平均展开。

围着一个院子生活，在应用上每一边的房子都拥有同样大的庭院。这种实用面积比建筑面积还要大的布局，在建筑面积分寸必争的现代社会显得尤其吸引人。问题是一群漠不相干的人和一个家族并不一样，昔日的共同拥有，在现代的解释可能是一点也没有。

灵活性

合院可大可小，而且公私皆宜。假如将合院的私密性稍为下降，添加几座屋宇殿堂和一些自然或人为的景观，便可以成为一条供人游览的路线。来一点宗教崇拜的内容，便是一座寺庙。

《圣经》记载耶稣基督曾经大发雷霆地将神庙里的摊贩买卖扫地出门。中国人却相信菩萨善开方便之门，绝不会介意大家在庙会期间买卖交易。

一座园林，公开游览便是当然的公园。

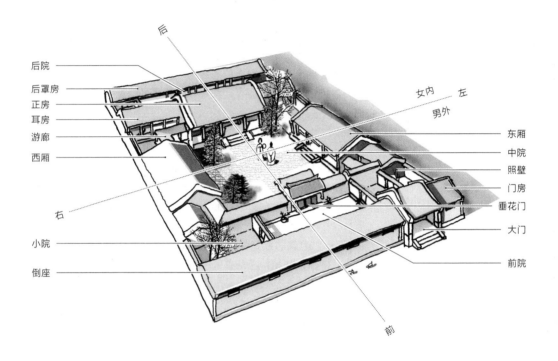

后

后院
后罩房
正房
耳房
游廊
西厢

女内 左
男外

东厢
中院
照壁
门房
垂花门

右

小院
倒座

大门
前院

前

依中轴安排男长尊贵高正主上亲嫡左；次者分女
幼卑贱低偏从下疏庶右；正房往往为一家之堂，
会客、祭祀之堂。

话堂

殖殖其庭，堂堂正正，是个重要到不轻易应用的地方。

《释名》释宫室：古者为堂，自半以前虚之，谓堂；自半以后实之，谓室。堂者，当也，谓正当向阳之屋。

传统中国建筑的最中央，照例都没有房屋。传统房屋里最重要的房子，照例都不住人。没有房屋的中央部分是"庭"，没有人住的房子是"堂"。

"堂"里面供奉着历代祖先的神位，罗列代代显赫功名，是个纪念堂，也是个开敞的时间囊。庭中天地悠悠，堂里香灯永继；庭中上下交融，堂里古今一体。庭、堂之间的台阶每一级都踏出整个家族的宗教和历史的感情，每一炷清香都隐隐熏出整个族群的盼望。

"堂"相当于一座教堂、一部历史、一篇告示、一个法庭和一个内部检讨的场所。一切社会文化活动都写在庭堂之间，就算是方丈的空间，也足以安放整个天地人间。

中国人在这种合院式建筑里一住就是几千年。当"堂"被取缔时，"当堂"无话可说！

阿楼和阿院 （按：阿楼是现代楼宇，阿院是四合院。）

阿楼："嗨！好哇。"

阿院："…………"

阿楼："怎么啦，认不得我啦！现代楼啊，难怪啰，当年我还是一匣匣
　　　的叫做什么构成，现在……嘻嘻……叫解构啦！"

阿院："…………"

阿楼："来，咱哥俩好好聊聊。你知道嘛，这些年头虽然见不到面，可
　　　我每次看见人家在下棋，一瞧见那方方正正的棋盘，就总会想起
　　　你哪。硬是了不得，几千年前的一块田（按：井田），到一个占
　　　卜算命的命盘，都……那个……历史悠久。"

阿院："…………"

阿楼："静静告诉你，自我'解构'之后，广告的卖点就是多了一些叫
　　　做自然的成分，这总算是秉承老兄的志愿吧。当然，大家要这
　　　个'自然'，可得又再来个分期付款喽！"

阿院："…………"

阿楼："嗯……别尽是闷声发财嘛……况且，我们也跟老兄一样在几栋
　　　大厦中间搞它个'户外空间'，就是人太多，目前大家仍在适应'互
　　　相监视'的院子生活，老兄你看怎样？"

阿院："…………"

阿楼："瞧你，就是一味担挂着老人家。长者嘛，有老人院，他们在那里
　　　都会受到妥善的照顾。"

阿院："…………"

阿楼："唉……你可要明白，时下都是'独立、自由和民主'的兴头，
总不成永远都像以往那样，四五代人挤在一起满堂吉庆的大家庭。
现在的都市越大，家庭就越小，别看我高大巍峨，照顾的基本上
都是小得不能再小的小家庭。国际化的文明现象嘛！"

阿院："…………。"

阿楼："这玩意，其实我也搞不清，只是听人说，西方国家的文化叫做
文明，其他地方的就叫做文化。大伙儿时兴嘴巴说文化，双手不
停国际化。"

阿院："…………。"

阿楼："对啦，听说英国有个叫做李约瑟的大学者，访问中国期间，在
老兄处住了一段日子，回去祖家之后就忧郁起来。原因就是再没
有'小庭也有月，小院亦有花'的滋味。洋学者也郑重其事，这
下子老兄可熬到头啦！"

阿院："…………。"

阿楼："当然，要十足像老兄那样既有'鉴谧宁静'，又有'私人生活'，
还有'户外空间'的居住计划目前还未出现哩。不过，只要肯计
划，十个不成，一百个、一千个，将来总会解决得了嘛。到时咱
俩怕不会高高兴兴地再相见。"

阿院："再见。"

不 · 只 · 中 · 国 · 木 · 建 · 筑

第十四章

风　水

神话早有记载，家宅当然要选择。

一种隐藏的规律，发展出五行属性与八种看法。

懂不懂风水都可以欣赏天坛。

有些人把风水看做是一种朴素的环境学，有些人从迷信角度去看，也有些人从地理到物理、科学到哲学的观点来看风水。无论怎样，都是看，风水。

神话记载混沌太初，有祝融和共工两个不可一世的英雄大战，杀得天昏地暗。最后共工失败，气愤得不得了，一头就撞到顶着天幕的不周山。

这一撞，古书用了六个字来形容这个惊天动地的场面："天柱折，地维缺。"

不周山应头而断，天空顿时失去支柱，崩向西北，大地亦同时往东南陷落，倾盆大雨，一直下个不停，洪水把土地完全淹没。

从来收拾英雄的烂摊子的，就只有慈爱细心的母性，女娲便是第一位。伟大的女神炼石修补青天之后，将余下的灰烬撒向汪洋，洪水马上消散，灰烬变成了中国华北大平原上的一层肥沃土壤。天倾地斜已成定局。从此中原的一切，包括永恒，都在转动。

日月星辰一直往西滑行，流水都带着落花东去，昼夜不舍。依仗春夏秋冬来耕种的古代中国人，俯仰天地，看着山岭绵延而出，看着永远流出东海的悠悠江水。

看着天地给养生命的来龙去脉。看，风水。

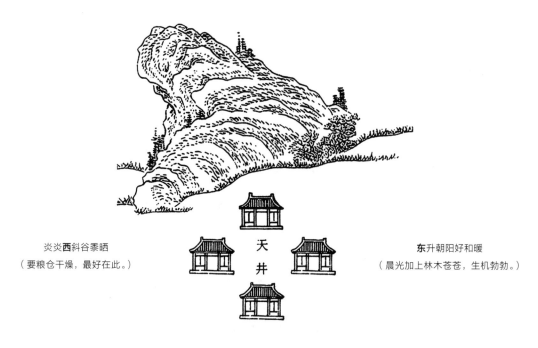

北地大漠冰催寒
（败北，房子当然背着它。）

炎炎**西**斜谷黍晒
（要粮仓干燥，最好在此。）

天井

东升朝阳好和暖
（晨光加上林木苍苍，生机勃勃。）

阵阵**南**面风最凉
（开设大门，当然之选。）

家宅，当然要选择。《释名》："宅，择也，择吉处而营之也。"

最好北面有山岭屏障阻挡寒风，最好门前南面平原，耕作招凉。最好水源顺注，最好远景悦目，最好农地房屋终年都可以看得到从第一线到最后一线的阳光。

风水，语出晋郭璞（276-324）《葬经》："气乘风则散，界水则止，古人聚之使不散，行之使有止，故谓之风水。"风水又名堪舆、形法、地理、青囊之术、青乌、卜宅、相宅、图宅、阴阳。最迟在公元前4世纪出现，战国时期系统成熟。

青囊之术——《晋书·郭璞传》：郭璞得异人授青囊中书九卷。"璞门人尝窃青囊书，未及读，而为火所焚。"青乌（青乌子），传为黄帝时地理家、商周时人、秦人、汉代人。清代蒲松龄《聊斋志异》："青乌子，彭祖弟子也。"

看法

郭璞

- 世间不外乎天、地、风、雪、水、火、山、泽八种现象，一切都带着阴阳的性质。(《易经》)

- 像龙腾般起伏的山势："指山为龙兮，象形势之腾伏。"(《管氏地理指蒙》)"人身脉络，气血之所由运行。"(《地理人子须知》)

- 江河犹如大地的血脉："宅以形势为身体，以泉水为血脉，以土地为皮肉，以草木为毛发，以舍屋为衣服，以门户为冠带。"(《黄帝宅经》)"夫石为山之骨，土为山之肉，水为山之血脉，草木为山之皮毛，皆血脉之贯通也。"(《水龙经·水法篇》)

- 万物都由金、木、水、火、土所构成。(《尚书·洪范》)

- 天道和地道混成(《淮南子》《堪舆金匮》)；天地万物为一体(程颢《程氏遗书》)。

青乌子

- 以水文地理为建设家国的蓝图。

- 以天体星宿为依据："易与天地准，故能弥纶天地之道，仰以观于天文，俯以察于地理，是故知幽明之故。"(《周易·系辞》)"大举九州之势以立城廓室舍形……以求其声气贵贱吉凶。"(《宫宅地形》)

春来秋去都存在一种变易的规律，
一切都可以用八卦的图像来推算。

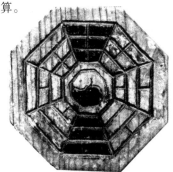

隐藏的规律

古代的中国人，在四千年前开始整理出自然和人类生命融合的"隐藏的规律"。礼者天地之序，乐者天地之和。思想家依据这规律去解释生命；地理师以这规律来勘察最理想的生活环境。学术与道术一直都共用着阴阳、乾坤、八卦、五行等词汇来形容这个世界的规律。医、卜、星、相，都说"天人合一"。"合一"可以是天人之道，又可以是饮食养生（对中国人来说，药物可以是宴会的主要菜肴），都是谋求"和大自然配合"的规律。

《易经》就是这规律最主要的指导手册。

最早看风水的应该是周代初期的英明领袖公刘，他率领百姓迁徙，到泉水交汇的地方，从平原到高地仔细地审察，利用日影来测定方位，分别阴阳，然后安邦立业。

到《周礼·考工记》内记载建立城邑的方法时，已正式将国家连同整个世界放在一起来考虑。很明显，中国人的建筑计划，一开始就不以单独建筑物作为建设的最后目的。由城郭而至坊里都隶属在一个规模庞大的空间里。

大者如建国，小者个人起居，都与风水攸关。要事事顺利，切忌逆天而行。

公元前 6 世纪左右，老聃的《老子》所谈论的"道"，更替风水添加"玄之又玄"的色彩。带着神秘色彩的风水故事，甚至写到正史上。由皇帝到小官员，都相对比别人"家山有福"，特别的事总有征兆，特别的人的出生地，必有祥瑞。

汉代名臣董仲舒（本身就是风水专家）提倡儒家，重视孝道，厚葬先人，蔚成风气。风水又延伸到祖宗山坟上。唐代的高官杨筠松甚至依据风水理论行军打仗，写了一本《灭蛮经》来对付蛮族。杨筠松弟子曾文遄所著的《青囊经》亦成为风水经典之一。

附会到风水的故事多不胜数，自有文字记载以来，几乎每个朝代的兴替，都轰轰烈烈地大兴风水，大破风水。甚至到晚清时期，朝廷奄奄一息，亦因为"南方有反气"，而派兵每日炮轰广东打狗岭，企图将"反气"轰散。结果自然难逃"自然定局"。

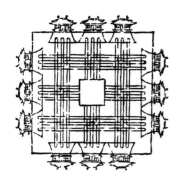

在《周礼·考工记·匠人建国》一节里记载着"建国"是始于城邑的方位测定，城内"九坊九里"就是小区的安排。

1	宜设仓房
2	忌设门
3	不宜开井
4	宜设禽舍、井及厕
5	忌设神龛或门，宜开井
6	宜设书房、神龛，忌开炉灶
7	宜开井
8	不宜筑仓房、门
9	宜开井、设神龛
10	宜设门
11	忌设神龛
12	宜开井、花园
13	宜设门
14	忌开井
15	宜筑仓房
16	不宜建亭与书房，不宜凹入
17	不宜建园林及池塘
18	不宜筑仓房、开井
19	宜筑仓房
20	忌设门，宜开井
21	宜建灶
22	宜建仓房、房厅外凸
23	宜筑静修室、门及井
24	宜建灶、开井面

升平总比战争好，中国人发明火药原是用来烧烟花；一动不如一静，发明罗盘并不是用来航海跋涉，而是用来看风水。

在希腊人和印度发展机械原子论的时候，中国人则发展了有机的宇宙哲学。(李约瑟)风水不是发明，而是发展出来的。

有些人把风水看做是一种朴素的环境学，有些人从迷信角度去看，也有些人从地理到物理、科学到哲学的观点来看风水。

无论怎样，都是看，风水。

《诗经·大雅·公刘》

　　笃公刘，逝彼百泉，瞻彼溥原；乃陟南冈，乃觏于京。京师之野，于时处处，于时庐旅，于时言言，于时语语。

　　笃信诚厚的公刘，在泉水交汇的地方，端详广阔的平原，攀登上南面的高岗，细看京城的土地，于是就在这片郊野起造房屋旅舍，对人民谆谆诱导，谈论政事，成立了国家。

　　笃公刘，既溥既长，既景乃冈，相其阴阳，观其流泉。其军三单。度其隰原，彻田为粮。度其夕阳，豳居允荒。

　　笃信诚厚的公刘，在广阔的土地上，用阳光来测定方向，分别阴阳，视察水源。订立军队的制度。测量湿润的土地，开发屯田，制订赋粮。在西面开发，人民汇居，国土因而更加壮大。

　　利用风水，人们用他们的祖先作为手段以达到他们世俗的欲望；他们在如此做时，已经不是在崇拜祖先，而是开始把他当作"东西"(thing)来利用了。崇拜祖先是将蕴含于嗣系中的权威仪式化，但在风水制度中这情形倒反过来了，在这里子孙们争着强迫他们的祖先给予好运，把先人当作傀儡，而支配原先应属支配者，在祖宗崇拜中，祖先是被崇敬的；在风水中，祖先却成为从属者。(Maurice Freedman〔英国人类学家〕，*Ancestor Worship: Two Facets of the Chinese Case*，1967)

　　……从中国人的观点而言，祖先与子孙是一体的，在风水习俗中是祖先与子孙共同谋求全家族的利益，在寻找合适的风水墓地中，不只是子孙埋葬祖先的骨头，同时也是先人主动要把自己的骨头埋在好风水的地方……(李亦园《人类的视野》)

　　正好看出"功能"与"情感"两种不同的风水。

五行属性

这里有一个五行的属性表，排列着五方、五化及五气所演化出来的风水逻辑，相当有趣，至于其他各项，非要专家不能分述了。

五行（自然界）属性表

五臭	膻	焦	香	腥	朽
五谷	麦	菽	稷	淋	黍
五虫	鳞	羽	倮	毛	介
五牲	羊	鸡	牛	犬	豕
五宫	青龙	朱雀	黄龙	白虎	玄武
五辰	星	日	地	宿	月
五器	规	衡	绳	矩	权
五象	直	锐	方	圆	曲
五味	酸	苦	甘	辛	咸
五色	青	赤	黄	白	黑
五气	风	暑	湿	燥	寒
五化	生	长	化	收	藏
五季	春	夏	长夏	秋	冬
五音	角	徵	宫	商	羽
五方	东	南	中	西	北
五时	平旦	日中	日西	日入	夜半
五行	木	火	土	金	水
五脏	肝	心	脾	肺	肾
内腑	胆	小肠	胃	大肠	膀胱
形体	筋	脉	肉	皮毛	骨
情志	怒	喜	思	悲	恐
变动	握	呕	哕	欬	栗
五官	目	舌	口	鼻	耳
五声	呼	笑	歌	哭	呻
五神	魂	神	意	魄	志
五液	泪	汗	涎	涕	唾
五事	视	言	思	听	貌
五性	仁	礼	信	义	智
五政	宽	明	恭	力	静
五祀	户	灶	霤	门	井

明代《阳宅十书·论宅外形第一》（节选）

凡宅，左下流水谓之青龙，右有长道谓之白虎，前有污池谓之朱雀，后有丘陵谓之玄武，为最贵地。

凡宅，东下西高，富贵英豪；前高后下，绝无门户；后高前下，多足牛马。

凡宅，不居当冲口处，不居寺庙，不近祠社、窑冶、官衙，不居草木不生处，不居故军营战地，不居正当水流处，不居山脊冲处，不居大城门口处，不居对狱门出，不居百川口处。

凡宅，东有流水达江海，吉；东有大路，贫；北有大路，凶；南有大路，富贵。

凡宅……左下右昂，长子荣昌。

凡宅，门前不许开新塘，主绝无子。谓之血盆照镜，门稍远，可开半月塘。

凡宅，门前见水声悲吟，主退财。

凡宅，门前忌有双池谓之哭字，西头有池为白虎，开口皆忌之。

凡宅，门前朝平圆山，主吉。

凡宅，井不可当大门，主官讼。

凡造屋，忌先筑墙围并外门，主难成。……大树当门，主招天瘟。墙头冲门，常被人论。交路夹门，人口不存。众路相冲，家无老翁。门被水射，家散人哑。……门下水出，财物不聚。门着井水，家招邪鬼。粪屋对门，疤疖常存。水路冲门，忤逆子孙。仓口向门，家退遭瘟。……门前直屋，家无余谷。门前垂柳，非是吉祥。……东北开门，多招怪异。重重宅户，三门莫相对，必主门户退。

欣赏天坛

天坛，明、清两代皇帝祭天的地方，坐落于北京市东南面，占地 273 万平方米。

祈年殿，天坛内最著名的建筑物，初建于明嘉靖二十四年（1545 年），1889 年于雷火焚毁后重建。墙方殿圆，天圆地方，三层台基上三层攒尖顶檐殿堂，逐层向上收缩，象征与天相接。

圆天，蓝天。高九丈九尺（阳数之极）。一月三十天，殿顶周长三十丈。一年四季，殿内金龙藻井下立金柱四根。四季有十二个月，中间一层立十二根楹柱。外层十二根楹柱，代表一天十二个时辰。里外共二十四根，表示一年中的二十四个节气。再加上藻井下的四根金柱，代表二十八星宿。殿顶四周三十六根短柱，代表三十六天罡。

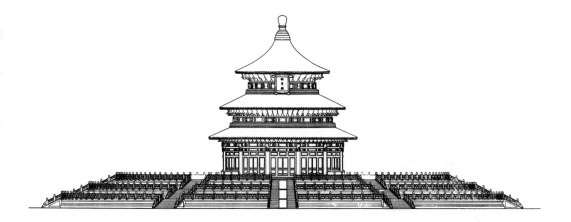

懒懒闲

有好事者曾经"调查"过,"一会儿"有很多种。

在美国,"a moment please"大概是15分钟。在法国,"un moments'il vous plaît"可能要半小时。在中国,一会儿往往就要耗上半天,甚至一星期。15分钟或半小时,在中国不是"一会儿",而是"马上"。

认真懒懒闲。

好闲

历史学家将古罗马竞技场内的诸色人等分成三种类型，首先是沿场叫卖的小贩，继而是竞技场上角力的英雄，最后便是坐在席上，买零食、丢了一地果皮、哗声叫嚣的观众。这些观众既不营役谋生，也不戮力拼搏，但却偏偏占据着整个文化的最高位置。这群人在欢呼，喝倒彩，然后剔着牙、打着饱嗝，然后又议论纷纷地去谈论另一个更新鲜的玩意来。

这种事事都意见多多的人，通常都是知识分子，那种无所事事的心态叫做"闲情"。

"闲情"没有事功，但充分显示一种文化的想象力。清代文人王晫在他的小品文《纪草堂十六宜》里告诉我们"闲"到什么地步：

徘徊在廊庑间找灵感，然后爬上阁楼写文章；树下花间弹琴饮酒，倚着栏杆赏月看云；冬天围炉玩雪，夏天元龙高卧；摆完龙门阵，玩占卜；捉燕子、摸鱼虾，又放灯笼又舞剑。早上赖在床上听雀鸟叫，晚上百般无聊，也要听听和尚敲钟声。

总之，天天都在度假，就是要闲得不枉此生。

同代李渔的《闲情偶记》、沈复的《浮生六记》，记的都是引人入胜的"优皮"玩意。

建筑最最优悠处，当然是园林。

不 · 只 · 中 · 国 · 木 · 建 · 筑

第十五章 ———————————— 园 林

懒懒闲，拉杂说园林。风景借得好漂亮，借据写得好堂皇。

《纪草堂十六宜》
王　晖

予素无书屋，庚申之春，售产取值，始得辟地墙东，小构数椽。落成，颜曰"墙东草堂"。荆溪徐竹逸使君顾而乐之，手为之记。予偃仰此中，亦已浃岁，凡有所触，为记其宜。

自堂而南，有楼翼然，窗几明净，笔札具存，宜登楼作赋。
回廊之外，绿上平阶，兴至分题，想来天外，宜绕砌寻诗。
小山层叠，丛桂生香，苟无绿绮，何以宣情，宜坐树弹琴。
花气当轩，侵衣沾袂，引人着胜，此处难忘，宜当花饮酒。
东墙生白，树影频移，徙倚雕栏，正堪延伫，宜凭栏待月。
极目四望，云海苍茫，奇峰妙鬘，变无常态，宜倚槛看云。
天气骤寒，六花飞布，起观树林，都成琼玉，宜围炉赏雪。
阳乌肆焰，溽暑郁蒸，洞窗乍开，清风徐至，宜拂簟迎凉。
杜门无事，不异空山，已却尘氛，顿除妄想，宜挥麈谈禅。
疏雨忽过，草木皆新，偶有会心，初不在远，宜焚香读易。
堂前旧垒，久绝乌衣，下上于飞，似怜故主，宜开帘引燕。
山下出泉，清莹秀澈，游鱼可数，荇藻依然，宜抚石观鱼。
火树星桥，良宵胜事，周遭曲曲，尤为异观，宜循檐放灯。
酒后耳热，烛光荧荧，每抱不平，便欲斫地，宜踞床说剑。
春睡初醒，日映窗纱，枝上好音，睍睆悦耳，宜晓窗听鸟。
天街人静，万籁无声，百岁荣枯，等闲惊觉，宜静夜闻钟。

园林对房屋

　　房屋是房屋，园林是园林。没有园林的只能算是房屋，没有房屋的只能够是荒野。房屋加上园林才是完整的建筑。故此，较小型的房屋附设庭院，大型的园林附设房屋。

　　我们曾经提及过（请参阅《材皆可造》一节），传统中国知识分子在官场俗务之余，都会向挂在墙上的水墨山川投以向往的一瞥。这种寄托看似无足轻重，却被视为知识分子达到"完整人格"的基本条件。

　　在条件未成熟时，"寄托"会投射在住屋的方丈庭院里，明、清两代就有不少名士对处理小庭院（小至天井）的心得大作文章；一旦有足够的经济条件者，例必大造园林。

　　无论建造房屋的目的如何，园林的要求都大致相同，就是在现实的目的之外，创造一个令身心舒放的境界。

　　君子慎其独也。（《中庸》）
　　"独"是在非公开的场合，往往就是自己在家的时候。于是大家的"家"就带着培养"君子"的严谨和克制的气氛。长期居住在行必有据的礼仪之所的君子，身心未必可以平衡，幸而有园林。儒家思想落实在严谨规整的合院式建筑布局里，老庄强调的生命则弥漫在园林中。

园林杂说

寺庙园林

　　中世纪欧洲的苦行僧侣，路经洛桑（Lausanne）、两湖城（Interlaken）的时候，都提心吊胆地急急而过，唯恐敌不住瑞士湖光山色的引诱，坏了清修大事。

　　可中国在魏晋就偏偏出现了所谓寺院园林，可见美景天下有，只看阁下处理的手段。

　　法国的花园设计脱胎自农田菜畦，方正整齐。路易十四的凡尔赛宫，从主楼沿着水池喷泉走到尽头，30分钟以上的距离都是一条直路，两旁的雕刻、植物，皆安排得平衡妥帖，这块超级大菜田，也不见得令人沉闷，几何轴线展开来的园林景致，自有其气魄。

　　中国历史绵延漫长，园林之嬗变，皆有迹可寻。传说中黄帝有个百兽都来喝饮甘洌泉水的玄圃（前27世纪）（《穆天子传》），很明显，有皇室就有皇家园囿。囿，园有垣也。一曰禽兽有囿。圃，种菜曰圃。园，所以种果也。苑，所以养禽兽也。信史（有文字记载）开始，整个商代值得一记的可不是园林，而是纣王的"肉林"和"酒池"。

清代承德避暑山庄
秀起堂复原图

　　所以一般园林故事大都从英明有为的周文王开始（前 12 世纪），他营造的灵囿是人类第一个可以开放给百姓捉雉猎兔的野生公园（见《诗经》），囿人是"牧百兽"的职位，和我们理解的"园丁"并不一样。与民同乐的时间很短暂，四分五裂的春秋时代，各国都忙于兴建高台，高观重楼，望敌方，望属于自己的一片江山。园囿用来狩猎野兽，操练骑射大于游玩欣赏。

　　秦始皇最大手笔，动不动就开辟数百里的上林苑。兼攻阿房宫至骊山、周驰阁道造林植树，将天下变成一个"理性而又美丽的几何图形"的产品自奉。

　　（秦）道广五十步，三丈而树，厚筑其外，隐以金椎，树以青松。（《汉书》）

　　一般以为，"喷泉在中国只是 18 世纪以来才为人所知晓"，殊不知汉武帝"方五百四十里"的甘泉园已经又有喷泉（铜龙吐水），又有假山。四夷皆服大汉，各地名花纷纷进贡，秦代的上林苑摇身一变为充满国际情调的植物公园。

《西京杂记》内记载茂陵富豪袁广汉在北芒山下辟了个 5 平方公里的园林，家僮八九百人。高山回廊，流水处处，尽是珍禽异兽，一整天也走不完。

魏晋南北朝，战争和佛道思想一起兴盛，南朝烟雨楼台中，寺寺园林。"登山临下，幽然深远——岩岩清峙，壁立千仞"，"朗朗如日月之入怀——谡谡如劲松下风"。

写崇山峻岭，却是形容人的风采，园林景致开始与内在品格相应。在位仅七年（582-589 年）的南朝陈后主匆匆弄了个仅堪促膝娱情的两人亭，又匆匆为以后的园林留下一道浪漫的月门。

清代寒山别墅，初建于明代

清代皇家狩猎依旧保留骑射
行乐之风

　　这个不稳定的时代，清高的知识分子大多远离是非地，隐逸山居，参禅读书，开田园诗、山水画和山居园林的先河。东晋陶渊明的《桃花源记》那种与世无争的况味便成为了私家园林的新意象。

　　泱泱大唐，海外棠红（据说凡舶来花卉皆冠以"海"字），唐玄宗在沉香亭调侃杨贵妃一句："海棠春睡未足耶？"（《太真外传》）海棠花一路春睡到现在。富贵逼园来的唐代当然少不得牡丹处处，东都洛阳的人径自叫牡丹为"花"，正是"除却牡丹不是花"，把太液池、龙池、芙蓉园装点得雍容艳丽。

　　魏晋的隐逸田园之所以能避过盛唐富贵的色彩，主要归功于"诗中有画，画中有诗"的王维，这位开山水画南宗的天才诗人，将诗情画意一并写入自己的园林辋川别业里。另一位天才横溢的诗人白居易在庐山结草堂而居，他在笔记中形容：

　　三间两柱，二室四牖。……木斫而已，不加丹；墙圬而已，不加白。砌阶用石，幂窗用纸，竹帘纻帏，率称是焉。（《草堂记》）

"陈后主为张贵妃丽华造桂宫于光昭殿，后作园门如月，障似水晶，后庭设素粉睾罳（古屏墙），庭中空无他物，惟植一桂树，树下置药杵臼，使丽华恒驯一白兔，丽华披素挂裳，梳凌云髻，插白通草苏孕子，靸玉华飞头履，时独步于中，谓之月宫。帝每入宴，乐呼丽华为张嫦娥。"（〔唐〕冯贽《南部烟花记·桂宫》）

月门

清代圆明园内碧桐书院

乔松十数株，修竹千余竿，青萝为墙垣，白石为桥道，流水周于舍下，飞泉落于檐间。(《与元微之书》)

既推崇朴素，又开借名山风景为己用之先。

古代圈地成园那种"且占它一片好江山"的大手笔，到这个时候终于完全洗脱"游牧的记忆"，上升至境由心造的诗意之路。中国古代建筑出现前所未有的高峰，而后世所谓的园林艺术（并非自然艺术），亦在这个时候真正开始。

晚唐五代十国虽则都是薄命小朝廷，却写出最美丽的园林歌词（南唐李后主）。

宋代恪于政治形势，建筑园林处处都表现得特别细致秀丽。朝廷颁行总括历代建筑心得的百科全书《营造法式》。连皇帝（宋徽宗）也将开疆辟土的气力一股脑儿都变作造园的心思，无所不用其极，花园终归变成墓园。江南远承隋炀帝开凿运河之利，越发兴盛。南宋临安（杭州），城环西湖十五公里，本身就是个园林城市。

[明] 文徵明《兰竹石图》

"上有天堂，下有苏杭"，平江府（苏州），水榭楼阁，赢尽天下文人欢心。宋代诗人王禹偁曾经写下："他年我若功成后，乞取南园作醉乡。"南园就是五代的苏州名园。南宋举国盛行春桃秋菊赏花行乐，民间以盆栽花卉为礼相送。一派江南好风景，杭州、苏州成了织造和园林的代名词。撰写中国第一本园林设计专书《园冶》的作者计成，就是苏州人。

元、明两代，文人画走到巅峰，上接王维，中国园林已被诗书画熏陶了超过一千年。沈周、文徵明、唐寅、仇英的作品每被视为造园的蓝图。文徵明的曾孙文震亨在他的《长物志》庭园卷内强调园林花木应该在任何时候皆可作为绘画的景致。画家将几案、交椅以及游玩携带的精致食匣都写到园林里。董其昌更买地百亩，亲自设计造园。

苏州临近太湖，"太湖石"的"透、皱、瘦"自唐代白居易时已成为玩赏对象，到明代"太湖石"应付不了庞大的市场需求，与当时的木作看齐，进行镶嵌可也。

崇山峻岭与人的内在品格相应。宋、明著名画家笔下的苍雄山势和一草一木，都成为园林里假山花石造型的蓝本。

苏州怡园石景

岩岩清峙，壁立千仞
〔北宋〕范宽《溪山行旅图》

园林在清代好生兴旺，分南分北，花团锦簇，芬芳依旧，唯风采已随建筑下滑至繁琐的物质讲究上。这个时候的苏州园林依然散发着阵阵魅力，影响了英国的风景花园。18世纪德国营建充满中国情调的"木兰村"，溪流取名"吴江"。法国传教士王致诚在欧洲大事宣传的"万园之园"的圆明园，恰好对正西方的杂锦（mix and match）脾胃。

桃花相送

圆明园确是巧夺天工，唯园林的诗画哲情又要静待因缘了。

每个国家都有自己的园林故事，中国园林最大的特色并不在于源远流长，而是在于文人与园林结下的不解之缘。凿石引泉，编竹为篱，画家、诗人、思想家、政府高官以至帝王都介入工匠建设，正是传统中国读书人的本色。

"凡士人皆懂造园"，造园者非要有一番见识不可。

圆明园原貌

借 景

风景借得好漂亮，借据写得好堂皇。

建构园林，是大学问，历来专家皆有论述，将一幅"立体画轴"的阴阳、虚实、聚散、疏密、大小、高低等窍门分析透彻。

构园无格，借景有因，切要四时，何关八宅（风水）。（〔明〕计成《园冶》卷三）

纵是大学问，却无定格。人人注重风水，计成偏说"何关八宅"。《园冶》是第一本专门谈论园林的著作，见解独到，作者计成一再强调造园的季节性，强调"借景"的重要。通篇就是"借、借、借"。

"远借，邻借，仰借，俯借，应时而借"，园林最好"春有百花秋有月；夏有凉风冬有雪"。借——是一种提议，或者一种看法，计成提示我们如何在园林里体会四季。是否整个春天都在荡秋千、看燕子，整个冬天对着梅花醉醺醺，则由大家的"水平"决定了。

在泰山万仙楼北盘路西侧石壁上刻着"虫二"两个大字。游人对着这块哑谜一样的石碑都茫无头绪，不知用意何在。直至有人悟出个中奥妙，原来"虫二"两个字的意思就是没有边的"风月"——这里"风月无边"。既然大块风月无边，园林的可塑性就根据每一个拥有它的主人来解释了。

春闲看花草，卷起窗帘让燕子剪出清风，杨柳飘飘，在春寒中架起秋千与落花一起飞舞。

　　闲居曾赋，芳草应怜，扫径护兰芽，分香幽室；卷帘邀燕子，间剪轻风，片片飞花，丝丝眠柳。寒生料峭，高架秋千，兴适清偏，怡情丘壑。顿开尘外想，拟入画中行。（〔明〕计成《园冶》卷三）

　　夏听山谷里樵夫和黄莺唱歌，作诗弹琴，看荷花，听雨洒竹林，欣赏池里游鱼自得。在高处倚栏寄傲，足下云雾霭霭，窗外芭蕉梧桐摇曳风凉。水边赏玩月亮倒影，在石上以清泉煮茶品茗。

　　林阴初出莺歌，山曲忽闻樵唱，风生林樾，境入羲皇。幽人即韵于松寮；逸士弹琴于篁里。红衣新浴；碧玉轻敲。看竹溪湾，观鱼濠上。山容霭霭，行云故落凭栏；水面粼粼，爽气觉来欹枕。南轩寄傲，北牖虚阴；半窗碧隐蕉桐，环堵翠延萝薜。俯流玩月；坐石品泉。（〔明〕计成《园冶》卷三）

　　秋残荷余芳，梧桐秋落，虫鸣唧唧。湖平如镜，高台远眺白鹭飞过丹枫艳红的山色。在阵阵桂花清香中举杯与明月相邀。

　　苎衣不耐凉新，池荷香绾；梧叶忽惊秋落，虫草鸣幽。湖平无际之浮光，山媚可餐之秀色。寓目一行白鹭；醉颜几阵丹枫。眺望高台，搔首青天那可问；凭虚敞阁，举杯明月自相邀。（〔明〕计成《园冶》卷三）

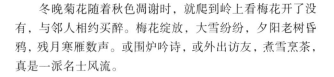

　　冬晚菊花随着秋色凋谢时，就爬到岭上看梅花开了没有，与邻人相约买醉。梅花绽放，大雪纷纷，夕阳老树昏鸦，残月寒雁数声。或围炉吟诗，或外出访友，煮雪烹茶，真是一派名士风流。

　　冉冉天香，悠悠桂子。但觉篱残菊晚，应探岭暖梅先。少系杖头，招携邻曲；恍来林月美人，却卧雪庐高士。云冥黯黯，木叶萧萧；风鸦几树夕阳，寒雁数声残月。书窗梦醒，孤影遥吟；锦幛偎红，六花呈瑞。棹兴若过剡曲，扫烹果胜党家。（〔明〕计成《园冶》卷三）

借据

临水筑榭，映出新月如钩，于是就愉快地写下"掬月小榭"、"清泉玩月"、"溯流光"悬挂在当眼处，告诉别人：看，我借什么。

这张借据最体面，意气风发，当然是书法。

斯人独处不憔悴，自有风月来相随，苏东坡一句"与谁同坐，明月、清风、我"，苏州拙政园的"与谁同坐轩"连诗意也借上。既有白居易的"更待菊黄家酿熟，与君一醉一陶然"，就有陶然亭、醉翁亭、爱晚亭。乾坤一草亭，季节，星辰，古今远近上下左右四方八面，诗词歌赋无一不借。

万事俱备，然后深深吸一口气："好香！"花意袭人来。园林至此，建筑文学书法皆色香味俱全。

（按）根据《园冶》，"借"要水平，也要条件：
1. 地势要高，可以看到远山。
2. 土地莫太贫瘠，以求树木茂盛。
3. 水源充足，溪流淙淙。
4. 避不开闹市，便要谨慎选择邻居。

没有好的条件也不用怕，搞搞装饰吧！

此中有真意

安徽滁州的醉翁亭，灵感来自欧阳修的《醉翁亭记》。爱晚亭出自杜牧的诗句"停车坐爱枫林晚，霜叶红于二月花"。

掩饰

"装饰源于我们对空虚的恐惧。"(E.H. Gombrich［贡布里希］,*Sense of Order*)好歹也弄点东西来装饰装饰,说的其实是掩饰。

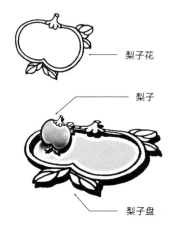

梨子花

梨子

梨子盘

崇尚简朴的时代认为动辄改变的花样,乱人耳目,缺乏内在价值,是一种道德上的过失,所指便是掩饰。在"奇技淫巧"大行其道的年代,层出不穷才有市场,这时候就没有人追究装饰和掩饰的差异。

赫伯特·里德将装饰分为"结构"和"不涉及结构"两大类,后者便是贡布里希用带有贬意的口吻所说那种"缺乏信心"的掩饰行为。

贡布里希显然只反对过分花俏的恶习,否则要大家的结婚蛋糕"充满信心"地弄到和祭祀糕点一样朴实无华,也不见得有什么好处。

古代社会等级森严,事事都了了分明,很容易在装饰上了解一个人以至一幢建筑物的性质和地位,绝不含糊。纵然现代社会的装饰往往被"自由"地利用来"鱼目混珠",装饰却依然是我们的文化和物质生活最真实的反映。其一是"自由",其二便是"鱼目混珠"。

装饰

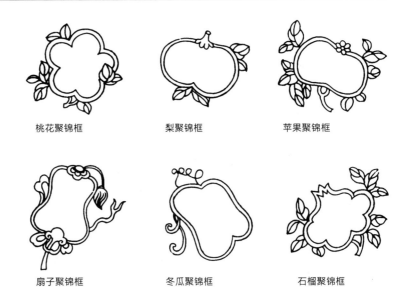

桃花聚锦框　　　　梨聚锦框　　　　苹果聚锦框

扇子聚锦框　　　　冬瓜聚锦框　　　　石榴聚锦框

窗框款式

有身份的人用装饰来标榜；没有身份的人用装饰来寄托。
生意人的装饰一本万利；读书人的装饰一举成名。
庸俗固然以装饰为乐；清高也免不了用装饰自况。
政府用装饰来立威、粉饰太平；宗教用装饰来儆世劝善。
装饰可以瑞祥，也可以辟邪、厌胜（克制自然灾害）。
装饰最讲潮流；装饰也最关注传统。
装饰的意图很精神性；装饰的技术却最现实。

　　适当的装饰会锦上添花；不适当的装饰会弄巧成拙（美丽得很失败）。至于如何才是恰到好处的装饰，每种文化、每个时代都有它的倾向，我们称之为装饰的风格。

　　在之前的每一章里，我们都一再提及传统中国建筑在用材及结构上的美学价值，所以大体来说，中国建筑的"装饰"是装饰而不是掩饰。

不 · 只 · 中 · 国 · 木 · 建 · 筑

第十六章 ——————————— 装 饰

掩饰和装饰，形势是否大好，关键在于远近精粗。且看建筑上的装饰部分。

这次石工第一，略略带过木雕作，然后略施一点颜色。希望连年有余，写在装饰之后。

从说话到音乐都有装饰，这里谈论的是用眼睛"看"的。先看看这个：

远到就只得一点，什么也看不到。

当距离超过一定的限度时，一切都显得疏离和不真实。

依稀是一张椅，一张孤零零的椅子。

对象高度与观看距离之比是 1:10 时，轮廓呈现。

视觉效果主要集中在对象与环境之间的关系而非对象本身。

线条简单，协调匀称，是一张明式的靠背椅。

比例是 1:5 时，构图开始清晰。

不错，果真是一张明代黄花梨木造的靠背椅。看纹理多么致密，隐隐散发花梨木的芬芳。直搭脑，靠背上开圆，下开秋海棠洞透光，边起阳线。椅盘下采用"步步高"赶枨，弯曲的角牙纤秀细致，从容大方，格调高雅。

当对象高度与观看距离的比例是 1:2，或更接近时，便可以欣赏到细节、质感。（王世襄《明式家具研究·文字卷》，三联书店〔香港〕，1989 年）

鉴赏关乎品味，观赏却需要合理的距离。

椅子看完，且看一座宫殿。

恶犬两条，看起来一点也不恶。

形势大好

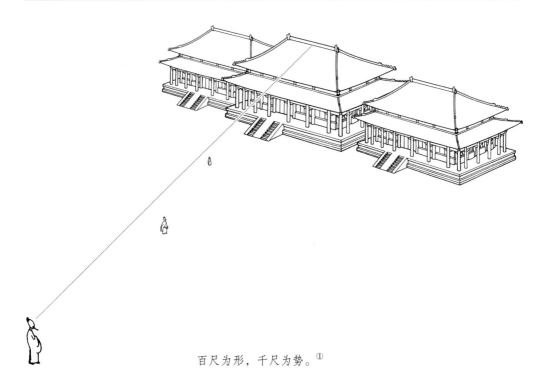

百尺为形，千尺为势。①

2.5 公顷的庭院宽阔得像广场，并没有任何瞩目的东西，一切都集中在尽头那洁白晶莹的台基上的建筑物。

远远望去，中间大殿虽然并不特别高耸，但与其他副殿连成一群时，又排众而出。率领着一个个反翘华丽的琉璃屋顶，连结成一条充满活力的天际线。最高只有几十米的殿宇群，在几百米外，首先映入眼帘的就是这条将天地划分的线条，告诉你，它们不是一群，而是一座建筑。每个人一进入这个广场时，都会被这种连结天地的气势慑服，不期然地停步屏息凝望，然后才小心翼翼地向前走近。

唯有明亮强烈的颜色才能唤醒整个寂寥宽阔的广场，坐落在晶莹的汉白玉（白色大理石）台基上的大殿，红色的柱，更加红的墙壁，覆盖着金黄耀眼的琉璃瓦顶，檐下一道以青绿为主调的彩画和斗栱。冷暖的色彩对比不单令本来宽阔的出檐深度增加，而且变得

① 出自《葬经》，作者郭璞。本来是堪舆风水家的术语，却与装饰的组织逻辑不谋而合，这种形势在空间处理上可以一路拓展到一条长达七八里的皇城轴线。

轻盈。白色、红色、金黄色，如在晴天的话，背景就是一个蓝。

　　势可远观，形须近察。

　　1460 根望柱的汉白玉栏杆，像标兵般矗立在每一层白玉须弥基座上，加上栏杆下 1138 个排水螭首（龙头），在日光下显示十分奇异的光影效果。这里好像是在举行永远的仪式一样，就算空无一人，也令人感到正在被"检阅"的渺小感觉。战战兢兢地仰望，深远的出檐下贴金双龙的和玺彩画，一攒攒色彩富丽的斗棋，中间牌匾写着这里就是掌握天下苍生命运的殿宇。

　　抬头是压倒性的殿宇立面，俯首则是一道长达 10 多米，用各种不同手法雕着宝山龙纹的御道石，足旁云纹伴着你，一边数着殿脊上展览的仙人走兽，一边踏上台阶。

　　势居乎粗，形在乎细。

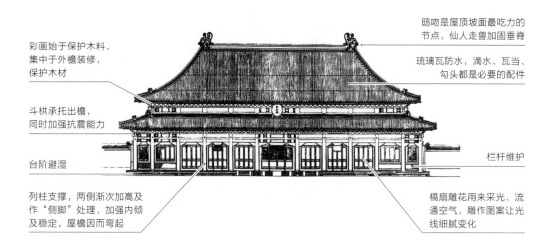

彩画始于保护木料，集中于外檐装修，保护木材

斗栱承托出檐，同时加强抗震能力

台阶避湿

列柱支撑，两侧渐次加高及作"侧脚"处理，加强内倾及稳定，屋檐因而弯起

鸱吻是屋顶坡面最吃力的节点，仙人走兽加固垂脊

琉璃瓦防水，滴水、瓦当、勾头都是必要的配件

栏杆维护

槅扇雕花用来采光、流通空气，雕作图案让光线细腻变化

建筑上的装饰部分

　　"阶同间广"，台阶与大殿开间的宽度一样，基座的比例依据大殿建筑，栏杆随台基的高度调整，望柱的编排对正檐柱，檐柱与屋脊上最高的巨大兽吻成一直线。难怪会令人觉得这座宫殿总是比它实际的尺寸庞大，因为这种比例远在迈进宫门之前已经开始了。一心要看宫殿的装饰，原来早就走在装饰里。

　　殿前左右陈列着用来储水防火的巨大鎏金铜缸和象征吉祥的铜鹤、铜龟。在盛大典礼时，这些铜鹤、铜龟，腹内都会燃点着沉香，香烟从口中吐出萦绕殿前。

　　爬到台上，终于可以看到大殿门扇上用来采光的精致木雕，在光线下的细腻变化饰纹，当然是最高级的三交六碗菱雕花技术与鎏金团龙浑裙板。凑到最近，就可以欣赏到槅扇上那些手工精细媲美首饰的门环和贴金梭叶了。

三交六碗菱雕花

　　从远到近，从外到内。由概括至精致，整座宫殿的装饰都是根据观赏距离来进行的。建筑的布局和比例是否可以算作装饰的范围，众说纷纭。但我们至少可以肯定，出色的装饰可以改变整个空间，或者形势。

　　构架决定屋宇形象，本身就具有高度的审美价值，在必须的结构上加以美化的步骤，不会硬摆雕饰。

　　室内槅扇、门、窗、花罩、栏杆装饰重点在于雕工，不施油彩，以保留上等硬木质感的可观赏性。

　　装饰重点都在当眼处。

　　有人认为当建筑的装饰工程一旦脱离结构功能时，是建筑艺术的堕落。持这个观点来看清代的建筑那种致力于雕琢的倾向，纵然不是堕落，也应该是进入虚饰的年代了。

　　所以，当我们参观伟大的故宫建筑群时，最好记住，这是明清建筑的代表作，而并非整个中国建筑最雄浑充沛的面貌。

雕作漫谈

雕匠、雕刻、雕工、雕塑、雕饰都不一样，都一起谈。

石工第一

先利其器，铁器。

公元前 6 世纪左右，中国从青铜时代走向广泛应用铁器的时代。广泛地用铁器来砸人头和砸石头。这段日子叫做"战国时期"。战国雄风，大刀阔斧。砸砸砸，人头早变齑粉，保存下来的石头叫做雕刻。

之后又是秦皇，兼并六国，兼并"皇"、"帝"成为皇帝；兼并"宫"、"殿"成为宫殿（皇帝及宫殿名称均始自秦代）。始皇帝从地上兼并到地下，驱策兵马俑群，浩浩荡荡地操入陵墓里。雕匠，日以继夜地为帝王的生前死后作业。

汉承秦制，儒家学说排众而出，"孝悌"概念令厚葬成风。武帝在位 54 年，修陵用了 53 年。一年又一年，常驻在陵墓的人员增至 27 万，夜夜笙歌了 53 年。

石柱础

石雕龙柱

位于江苏一座陵墓前的南北朝
石辟邪（529 年）

　　既有歌舞楼，自有暮蝉愁。鎏金灿烂的宫室坟墓，残留下来的当然又是陵墓里的陪葬明器和守护陵墓的石兽、石人，威猛地瞪着每一轮帝国的斜阳。

　　到了魏晋（3 世纪），地穴进一步移师洞穴，辟的是石窟，坐镇的是佛教无量功德。菩萨慈悲两公里，庇护河西走廊上的孤独商旅一千年。这一次，在敦煌、云冈、龙门石窟里叮叮咚咚，敲凿了超过一千年。

　　中国人的建筑艺术天赋一直在木材上大出风头，中国人的五行观念里（金木水火土）也没有将石头计算在内。但无论怎样，这次石工第一。

　　石工皮肤最黝黑，长年在烈日下；石工脸色最苍白，长年在陵墓里。

　　灰色，只是每条从烈日下走到陵墓的路。

　　石工起造房子，屋顶不遮石工（地基完成，房子本身便没有石工的事）。地基、地平与柱础，负起巍巍大厦，给你步步安稳，然后在一旁静听你赞美木建筑。石工修筑长城，广立牌坊，还有十三陵。

　　菩萨的慈悲，帝王的梦想和石头。无我双手不永恒。

　　石工，第一。

云冈石窟

　　石雕在西方建筑犹如木雕与中国建筑那样亲如骨肉。在门楣上放置，在神庙内供奉，都是石雕刻。中世纪的教堂更不在话下，雕像之多几乎和信徒那么喧腾热闹。现代建筑之所以要浮雕让路给墙纸（William Van Loon, *The Art*），原因就是建筑物已不再千秋万载，也不再有流芳百世的浮雕。

　　敦煌石窟的建造工程历魏、晋、隋、唐、宋、元而止，约220-1360年，现存约两公里，昔日当倍数于此。

木雕作

木雕作，其实在本书中每一页都在谈论着。

中国木建筑，外露结构例不遮蔽（以便木料通风、维修），经过细工处理的木框构件，本身就已经是了不起的雕刻。再在上面进行装饰性的凿弄，简直就是在雕刻上雕刻，搞不好甚至会影响整个建筑的结构。

所以早期的建筑，很讲究梁柱间所进行的"隐起"装饰工程。"隐起"就是考虑装饰的节制而非大肆表现。"含蓄"看似容易，实质非常困难，尤其一旦技术圆熟到情难自禁的时候。

（南北朝）屋柱皆隐起为龙凤百兽之形，雕斫众宝，以饰楹柱。
（《拾遗记》《中国古代建筑技术发展史》）

民间木雕

　　汉、唐的人何尝想过什么是气魄、什么是豪迈，举手落笔都是
率性自然。说它雄伟，只因后来宋代好秀丽。

　　宋代开的是半个"国"，敦煌石窟划在半壁江山以外，敲凿声
戛然寥落，逐渐被地狭人稠的都市歌声、叫卖声所掩盖。政府南迁
之后，大山大水的清朗画面变成烟波迷蒙的郁闷。禅画、宋词就是
这种郁闷转化出来的细腻情感。

　　不看江山看窗花，通透的木装修、木花格设计，宋人一手拿着
日益改良的工具，一手拿着南方出产的优质木料，木雕工艺技术达
到了史无前例的高峰。

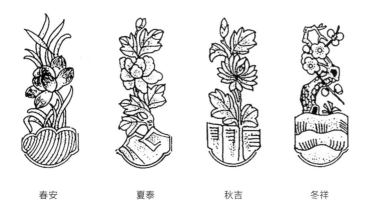

春安　　　　　夏泰　　　　　秋吉　　　　　冬祥

明代郑和下西洋，开输入南洋珍贵木材（红木、花梨及紫檀等优质硬木）之先河。复杂的榫卯，细致玲珑的线脚，从家具到建筑的每一个配件，仿佛都变成一件件精密的零件，进行极其讲究的精雕细琢。当时造一套讲究的木家具，竟然动辄需时十年八载。像脆弱细密的陶瓷一样，日常生活的物品变成了观赏对象。

18 世纪英国家具名师奇彭代尔（Chippendale，1718–1779）在他的《家具指南》中列举的世上三大家具类型中，明式家具便是其中之一（其余两大类分别是哥特式和洛可可式）。

"明式家具"将宋代木作技巧发挥到极致，在史无前例的高峰上，再推向后无来者的高峰。

明代又开始风行烧煤制砖和重型石作工程，木框架的承重责任渐由砖墙代劳。既然不怕你倒下来，说什么也得动你一动。于是木建筑上由承重框架、大小装修，至各式家具都变成雕饰大展身手的部分。

南方建筑的木雕花雕刻
技术肆意发挥

到了清代，"小木作"已经从单指装修发展到包括各种细木雕
饰制作的范围。除了越发通透玲珑之外，又发展出贴雕和嵌雕的技
术。再以不同颜色和质感的木料、物料配合（诸如镶金、玉石、彩画），
样式高雅（仿古）及富丽（祥瑞）双管齐下，花团锦簇已无从形容
其花样百出了。

此刻乍闻"隐起"，当恍如隔世。

木雕混作图样
左起：菩萨、玉女、坐龙、鸳鸯、凤

雕饰手法

立体圆雕

就是宋代所谓"混作"，除了一些规定在望柱头上用的人物、鸟兽，柱或藻井上的龙等特别制作之外，基本上并不属于建筑范围的独立制作。

与建筑较为密切的木、石雕刻大致同样分为透雕和浮雕两种技术。不同的是石雕主要在户外，木雕则主要在户内。

透雕

又名漏雕，顾名思义，用来美化透风漏光的技术，广泛出现在门窗、槅扇及垣墙上。既透入且透出，施工同时顾及门窗的内外两面。庭院外墙的透雕，用料坚固，且比院内雕作较为粗糙，原因是在透风漏光之外兼备防卫功能。

浮雕

《营造法式》将浮雕细分为几种技法，因需要而灵活应用。高浮雕（剔地起突）、中浮雕（压地隐起）、浅浮雕（减地平钣）、线刻（素平）。

镶嵌组合

相同物料或不同物料的组合，越后期越蓬勃。原因是：装饰技术进步；原材长期大量虚耗；镶嵌面积及尺寸不受制约；效果夺目。

以上种种，再加上砖雕、瓦作、陶泥塑造，雕饰手段之多，可想而知。

浮雕

镶嵌雕饰

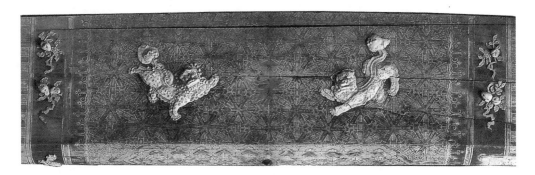

中国的木雕技术毫无疑问是其他国家难以望其项背的。而世上最出色的石透雕则是伟大的阿拉伯民族，整座伊斯兰教寺院的间隔几乎都是由精致绝伦的透雕石屏风所组成，既极富装饰效果，又做成一种很奇异的空气流动，调节赤热的沙漠气候。

阿拉伯式的图案影响遍及东西方，自然包括我们建筑上的雕花。不过，石材匮乏的民族那种对材料的珍惜和全心全意，可不是其他国家能够轻易学习得到的。

安静无声

希腊神话里的回音女神总爱躲在空谷、长巷、穿洞和石造的建筑物里，挥之不去，教落寞的心境更加寂寥。Echo makes the lonely places more lonely still. 大概除了剧院和衙门一类的地方需要来点"音响效果"之外，恐怕没有人愿意在自己的家里，深宵人静时回音犹在叹息。可巧木建筑内那些雕镂着各种图案、故事的屏风、槅扇就是一块块奇妙的吸音板。上面的故事越热闹灿烂，空间越是静悄无声，安静得出奇。

空气从槅扇的另一边滑过镂空的雕花，楠木柱、樟木柜、檀香、柏木……回音消散，剩下处处暗香浮动。

（扬州盐商汪伯屏宅）厅用柏木建造，不油漆，雅洁散芳香。（陈从周《梓室余墨》）

广东一些围村建醮，干脆拖来几棵原身香树，种在谷糠堆上熏着，作为一炷超级清香来燃点，十天半月的醮期皆芬芳，香港并不是白叫的。

木材可以吸音。一般木材只能吸收声能的 3%–5%，但有孔吸音板可吸收 90% 以上。（《不列颠百科全书》）

槅扇上的木刻故事

略施颜色

不动声色

老子说"大音希声"，最崇高的音乐都以煽情为戒。颜色令人
目眩迷惑，最讲"意境"的水墨画，落笔"五色"，都是黑白灰。

"大象无形"，缤纷非上品，彩画于是蒙冤，简直就不是画。近
代艺术家到敦煌去看完壁画，然后挟几笔"飞天"（敦煌壁画的佛
教仙女）蜚声国际。对梁枋彩绘很不公平，对画匠更不公平。因为
从建筑到石窟，其实都是同一班画匠的手笔。

木建筑物对抗风雨的第一道防线是檐枋下的绘画；木材之所以
能够避过虫蚁蛀蚀，也是因为檐枋的彩画。颜料可以避湿，有些更
含有剧毒，令虫蚁退避三舍。古老的木建筑得以保存，一层油彩，
作用非常之大。这层薄薄的"保护膜"使古代的木构建筑物令人感
到更加赏心悦目。

建筑彩画的前身是"挂"上去的。

相传黄帝的太太嫘祖煮蚕茧、抽蚕丝，抽出蚕丝造新衣。嫘祖
女士功绩已不可考，唯中国出现绫罗绸缎之早，乃不争之事实。最
初的建筑较为低矮，堂前殿后，就是张挂帷幄来分隔内外，早期建

筑的色彩，主要是这些悬挂在殿堂里的重重幔幕。（天子诸侯的宫室官邸，在翡帷翠帐之余加上屏风，大夫用挂帘，一般士人的家居拉布幕，以作装饰。）

秦汉之前宫殿流行在横梁上挂着帷幕织锦来装饰。至今梁上依旧保留着画上一块方形彩绘，将梁身裹住的习惯，这种图案到现在仍然叫做"包袱"。至于梁柱两端用来镶嵌的铁箍，亦在木作技术成熟后弃用，只留下彩绘痕迹。（西方殿宇一直流行挂毡，除作装饰之外，就是因为石头太冰冷。）

在一段很长的时间里，中国的宫、庙、邸基本上都是在灰、黑（瓦）的屋顶下，颜色以明快的白墙、红柱为主，彩画则主要集中在藻井、斗栱、门楣、梁柱以及外檐构件上。

宋代宫殿开始在白石台基上，屋顶盖以黄绿各色琉璃瓦，中间采用鲜明的朱红色墙柱门和窗。在宽大的出檐之下施以金、青、绿等色彩画来加强阴影部分的对比效果。当时又传入阿拉伯几何图案及组合技术，加上木雕发达，彩画枋心常贴上各式浮雕。

封建的年代，但凡听得到、看得到的都有一套严密的等级，大家必须按本子办事。元、明两代开国君主，一个来自关外，一个出身草莽。但凡帝王本身秩序稀松者，对百姓秩序可绝不稀松。建筑彩画的制度就是在元代基本形成，明代更趋制度化，当时京城坐班

服役的油漆彩画工匠有六千七百多人（见《明会典》），轮番涂抹整个皇城官邸的颜色。

建筑一分等级，颜色必在制约之列，谁胡乱用彩，谁便有颜色好看。

清承明制，彩画等级更加严格。目前一般所见的均为清代建筑彩绘，在宫殿建筑上追求堆粉贴金技术，极尽富贵繁华的皇家本色。园林建筑装饰则倾向青翠雅淡的明净色调。倒是江南一带，花木茂盛，色彩缤纷，建筑物反而多用冷色，白墙、灰瓦和栗、黑、墨绿色调，隐隐约约带着当初素壁白垩的朴素古风。

古代中国建筑色彩惯利用大面积的原色——黄红青绿蓝黑白。嫌建筑彩画花俏俗艳者，最好记着"百丈为形"（见前述），那是供我们作整体欣赏的。

其实出色的梁枋彩绘，设色并不逊于工笔画（例如颐和园的长廊）。日本的浮世绘，将都市风俗变成现代东瀛极为突出的装饰风格。浮世绘其实就是世俗化了的工笔画，零零碎碎的《清明上河图》。

假如建筑彩画和敦煌壁画易地而处，相信几笔"明间脊檩三件包袱旋子彩画"亦当可疯魔艺坛吧！未知中国建筑的彩画和桃花坞杨柳青版画走在一起，会否走出另一路风情。

颐和园游廊，长 728 米，有梁枋彩画
超过 14,000 幅

等级

　　黄者中和之色，自然之性，万世不易。黄帝始作制度，得其中和，万世常存，故称黄帝也。(《白虎通义·号篇》)

　　西周"明贵贱，辨等级"：
　　正色——青、赤、黄、白、黑
　　五行——青(木)赤(火)黄(土)白(金)黑(水)
　　间色——红(淡赤)、紫、缥、绀、硫黄

　　《礼记·月令》皇帝服色：
　　立春(青衣)
　　立夏(朱衣)
　　三伏之际(黄衣)
　　立秋(白衣)
　　立冬(玄衣)

　　唐代："庶人所造房舍……不得辄施装饰。"(《唐会典》)
　　宋代："非宫室寺观，毋得彩画栋宇及朱黔漆梁柱窗牖，雕镂柱础。"(《古今图书集成·考工典》)
　　明代："庶民所居……不许用斗栱及彩色装饰。"(《明会典》)

　　清代建筑彩画种类：
　　旋子彩画——寺庙、祠堂、陵墓等建筑，根据等级划分为多种(九种)作法，分别以旋花组合图案表现：金琢墨石碾玉、烟琢墨石碾玉、金线大点金、墨线大点金、苏画线大点金、金线小点金、墨线

小点金、雅伍墨及雄黄玉。

和玺彩画：宫殿最高级的彩画
金龙和玺：宫殿中轴主殿建筑
金凤和玺：与皇家有关的建筑（地坛、月坛）
龙凤和玺：皇帝与皇后妃子之寝宫
龙草和玺：皇家敕令建造的寺庙
苏画和玺：皇家园林建筑

和玺彩画和旋子彩画为"规矩活"，必须按规矩做活。

源于苏杭地区的苏式园林彩画，风格犹如江南丝织，自由秀丽，图案精细，花样丰富。

连年有余

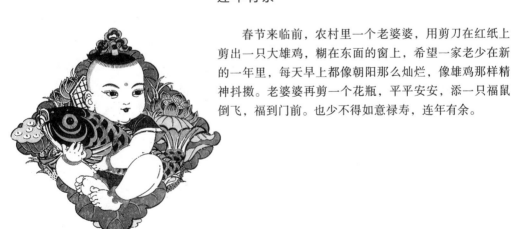

春节来临前，农村里一个老婆婆，用剪刀在红纸上剪出一只大雄鸡，糊在东面的窗上，希望一家老少在新的一年里，每天早上都像朝阳那么灿烂，像雄鸡那样精神抖擞。老婆婆再剪一个花瓶，平平安安，添一只福鼠倒飞，福到门前。也少不得如意禄寿，连年有余。

连年有余

像雄鸡那样精神抖擞　　　　　铜镜和鞋子（同谐到老）　　　　牡丹（富贵）瓶（平安）

　　老婆婆没有念过书，加官进爵旁边是自自然然衬着梅、兰、菊、竹四君子。寓意吉"羊"之余，居然又隐约包含着道德的向往。

　　书塾的老夫子一手好字，替村内每一户人家写完"爆竹一声除旧岁"，又写"人到无求品自高"，个个都心满意足地把挥春拿回家张贴。墙壁上胖嘟嘟的百子千孙年画，墙壁下媳妇密密缝绣鸳鸯和"鞋"。

　　书法值得欣赏，对联都是好文章，就是一片新春喜庆。我们说的是装饰，也许是粉饰，将生活粉饰一番。

　　这些不涉及结构的装饰，叫做希望。

　　唯一保留着画意的中文字，形声意兼备，图像也可以象形转注假借指事会意形声。例如猴子（侯）骑鹿（禄）戏蜂（封），就成为封侯进禄。

　　　中国人不问何事，皆富于换骨变形之才。例如中国之字音，原系一字一语，其字音之数不过四百。急分为平上去入四声，虽同为一音，只因其语气缓急伸缩抑扬之加减，乃发生种种不同之意味，其结果成极多之发音。中国房屋之装修亦然，绞尽脑髓，而成奇异之花样焉。（〔日〕伊东忠太《中国建筑史》）

状元及第：写在装饰之后

建筑的装饰是用眼睛欣赏的，难免有"好饰之徒"大肆掩饰。距离未必是装饰范围，却是视觉效果最关键的条件。传统中国建筑在这方面的表现举世无出其右。

中国的建筑装饰都是依据结构来进行，所以亦隶属在整座建筑物的比例和空间效应里。以故宫太和殿为例，没有各重 3.5 吨的吻兽咬着正脊，这么庞大的屋面就不可能稳固，没有这座宫殿也没有这样的台基，没有台基就没有栏杆，没有望柱，没有台阶……当大家踏入宫门的第一步，大殿顶的吻兽早就在努力咬着金碧辉煌的屋顶脊上等待着。说穿了都是结构，但我们谈论的是装饰，看装饰自然有看装饰的情怀。

中国的西北高原，寒冷干燥，一般屋宇装饰量少，却甚突出悦目。装饰，除"珍惜"之外，别无秘诀。

笔者在南方一条乡村的家祠看过一堵细致的青砖照壁，以远山作为背景，让每天在祠堂里攻读的子弟一出门就看到"像一顶官帽"的"前程"。这堵照壁好"风水"，但却充满奇异的装饰效果。梁上一个"进士第一名"的牌匾，梁下敢不收拾心情读书？！

至于装饰的内容和技术，专家早有详尽的研究，在这里谈谈雕工，略述彩画，又看看老婆婆的剪纸，只是在建筑的外围匆匆转了一个圈而已。早就说过，一部中国建筑史几乎就是一部手工艺发展史，每一个实用功能的部分（构件）都可以列入装饰的范围……

总之，将装饰放在最后一篇，分明是要大家重新开始欣赏——中国建筑。

一只鸭（一甲第一名）

不 · 只 · 中 · 国 · 木 · 建 · 筑

后　记

记佛光寺

我所知的佛光寺，一直都只是在平面上。在巴黎读书时，邻近圣母院和小圣堂，当时为多了解一点东西方的"神圣"结构，开始阅读梁思成先生的中国建筑资料。再接触时约在 1995 年，从头阅读中国建筑，这时候的佛光寺是在中国营造社的文献、《中国建筑科技发展史》和《敦煌全集》的《建筑卷》里。

2000 年，我把学习中国建筑的笔记整理成《不只中国木建筑》出版。随后开始另一个在笔、纸之间的中国画旅程，在山山水水中又回到"大佛光寺"上。大约是 2008 年，台湾佛光山在编一部佛教艺术的全集，如常法师来询问可否借用一些图，佛光山要的也正是佛光寺。

增上缘应在"不肯去观音"的祖庭之旅上，2013 年秋天，伙同央视纪录频道总导演徐欢女士和她的团队，从北京走访山西古原。车子在黄色的山林、黄色的土地一直走，平面的佛光寺终于在黄色的山坡上变成立体，体量不大，却比例恢宏，巨大的斗栱颜色斑驳，融在五台山的秋色里。

我回到当初"神圣"结构的课题，绕着佛寺转圈，抚摸每一根与永恒竞赛的大木柱，试图和"地老天荒"的感觉握手。佛寺紧依山崖，崖壁从东至西，清晰地露出岩层，推移，然后岩石挤压，变成碎石，绞动，在不满五十米的距离，岩层历劫，未到西边尽头，已成齑粉，再让树木扎根……寺前寺后同时在进行着静止无声的洪荒运动。

这景象似在宣示，"神圣"不是一个搭出来的结构，而是天地那种把结构也吞没的力量，令人敬畏得心头发怵。我在想，当初建寺的僧侣，会是这股力量的天启吧！

千年古刹，与山崖一直在讨论人世间逐渐听不到的说话。历史选择了唐代，岁月选择了佛光寺，佛光寺慷慨地在秋色中让我同时顶礼山崖的泥土，寺内的雕塑。

赵广超

2015 年冬

附　录

哥哥的话

旅居美国二十多年，研究所毕业后就一直从事政府审计工作，现任职佛罗里达州南部棕榈郡教育署的审计长。棕榈郡教育部每年的预算约为 18 亿美元，是全美排行第 14 位的教育行政区。作为一个部门的负责人，我的工作主要是以"经济原则性"、"逻辑性"、"合法性"和"可行性"，对被审核的预算案作出真实及不偏袒的审核，经过观测调查然后正式向当局提出拨款建议。

我的工作与建筑碰头，缘于本地人口激增，当局每年都要拨款兴建大量的中、小学校舍。单就去年经我的部门审核而拨出这方面的款项就超过 5 亿美元。[1]报告内容主要针对每一项建筑工程的预算、材料、施工、设计以至维修效率等等。

当我的弟弟要我写出对《不只中国木建筑》的看法时，从事"审核与建议"工作多年的我本来以为可以驾轻就熟，可是事实却与想法差距甚远。

我在 1998 年曾经返港，来去匆匆，当时他正在埋头撰写这本书。我们兄弟秉性各不相同，他在法国攻读的是造型艺术，而我在大学的本科是属于科学范畴。两兄弟分开多年，聊起天来，彼此的思想、价值观和生活环境的不同，对许多事情的观点虽然偶尔会有共鸣，但很多次却是南辕北辙、背道而驰。每一次彼此的出发点都仿佛相同，但到最后都会出人意料地各自走到相反的方向。这大概就是"现实"与"艺术"互相冲突的写照吧。初时令我感到很困惑，直至当我记起小时候读过"瞎子摸象"的故事，才意识到各执一词永远也不可能有效及正确地了解任何事物，除非我们能够以不同的角度去衡量和判断，才有机会了解到真相。

不论科学或艺术，以偏概全总有"瞎子"之嫌。东、西方自说自话的文化作风亦早已显得不合时宜。小弟花费五年的时间完成这本书，对海内外在西方文化熏陶下成长的新一代，颇有轻松地找到"另外一块拼图"（that missing puzzle）的作用，开始对两种文化作"一整个"的了解。

作为读者，又是作者的哥哥，我很高兴他可以在现代那种忙碌，任何文化、艺术一旦缺乏经济效益就会被淘汰遗忘的时候，将中国建筑历史、文化和艺术的发展，呈现给我们。

赵广隆（CPA, CMA） 2000 年 1 月

[1] 本地中、小学的美术和音乐教育是没有州政府补助的，全赖家长及教育家的努力奔走，才能继续在预算范围之内。香港有艺术发展局的推动，实在可喜。

赵广隆
美国佛罗里达州棕榈郡教育署审计长，美国佛罗里达州 Coral Springs 中国文化协会会长。

想起盛唐（原版后记）

光辉灿烂的日子

从任何观点出发，都是唐代，从轩辕黄帝到今天，只有一个够得上以"盛"来形容的朝代——"盛唐"。

追想唐代盛世对每一个中国人来说，都是令人愉快的事。

只要想象京师那条（比今天北京天安门前的长安街宽两倍）阔得像平原的朱雀大街，一下子涌出二十几万军队，簇拥着天朝皇帝偶尔出来走一趟的威仪，想象比今天北京故宫太和殿还要大三倍的麟德殿……这个独一无二的盛唐，是其他国家以学习中国文化为荣的年代。

过去，西方人一直都对中国古代城市的完善规划艳羡不已，原因是西方世界的都市，历来都是由少数人聚居的村镇新旧混集地陆续扩

唐代迎送宾客
的鸿胪寺官员

东罗马帝国使节

日本
或高丽使节

中国东北
少数民族使节

充而成的，都市越大，就越混乱繁嚣，条条大路通罗马，罗马城却是最易迷途的地方。而中国则从可考的文献开始已经有择地建城的传统，每一代的执政者，治理国家的第一步，往往都是慎重选择象征政权永固的新根据地。长安便是经过多番考察和综合改良才兴建起来的超级城市。

607 年，第一批东瀛使者到达中国。一百年之后，"唐风"劲吹日本，长安城连同宫殿布局，甚至朱雀大街和东西两市的名称东渡扶桑，成为日本第一个固定首都奈良的平城京（710 年）和及后的平安京（794 年）的蓝本。8 世纪雄踞中国东北的渤海国首都上京龙泉府（在今天黑龙江宁安县渤海镇，又称忽汗王城，于926 年被契丹所灭），又是另一个再版的小长安城。

在过去，外邦首府会以命名"汉城"为荣。

13 世纪的意大利商人马可·波罗，返回祖国之后，最困扰的居然是没法说服自己的同胞相信，元代大都（今天的北京）的繁盛景象。令马可·波罗惊为人间天堂，人口超过一百万，处处高楼华厦的临安（南宋偏安的首府，今天的杭州），却已是唐宋风流的余韵了。

技巧与韵味

穿堂入室的除了燕子双双之外，还有《唐宋传奇》里飞檐走壁的侠客，古代中国的建筑除了开敞之外，显然不以高大巍峨取胜。

清初名士李渔（笠翁），将传统中国文化的特点归纳在"精"和"雅"两个字上。反映在建筑上，"精"固然是处理具体物料的高度技巧，而"雅"则恐怕只能用更加抽象的"韵味"来体会了。"雅致的韵味"一直都说不清，却正是中国文化的精粹，难怪王公贵胄的府邸也要刻意移竹当窗，分梨为院来调和金粉楼台的伧俗了！

文人雅士工建设，园林是一幅可以游玩、可以休憩的山水画，牖窗一推，便会飘来远山黄叶，涤拂尘垢。残荷加上雨声，生活无不带着诗化的想象空间。

　　这些都是传统中国建筑最使人难以忘情的地方。一幢幢房舍合抱的中央,设置的是豁虚的庭院,道德操守和建筑布局都一样"虚怀若谷"。

　　过去的美好,就像消逝的美人,纵然挽断罗裙也留不住。文明一直都在进步,大家乐于见到当初的冷板土炕,变成今天的高床软枕。

　　现代的建筑大师,由水泥密封的建筑,改为玻璃幕墙,由匣子式的高楼回到维多利亚时代、新古典主义甚至古希腊罗马的建筑形式。由重新打开天窗,到勇敢地将现代结构解体,努力地寻求更适合我们的居住空间。

　　假如整个伟大工程的使命是令人类重新投向"自然"的话,在这个时候想起"盛唐",可别有一番滋味。

也谈传统

　　民间的建筑好像围着桑树唱出来的民歌,是自然生长出来的。官方的建筑则带着设计、规划和重新安排的成分。同样的音符就会由跳脱变成庄重,本来自由也许变得略带拘谨了⋯⋯(〔英〕布鲁士·阿尔索普〔Bruce Allsopp〕《建筑通史》)

西安碑林里柳公权《玄秘塔碑》
（841年）

阿尔索普对音乐的观点，足以和其他文化项目相提并论。我们当然可以在每一棵桑树下听到春耕秋收的盼望和欢乐，只是这种自然感情和精神的音符，将会跟着另一次的春耕秋收而流失湮没。将每一代的感情和精神收集整理，加以保存，就是所谓的传统。

官方（古典）音乐其实就是整个民族的精神累积，也许会"略带拘谨"，每一代的文化精华却借此得以向更高层次发展。民歌经过设计、规划和重新安排，就提炼成为歌剧院里扣人心弦的艺术。

假如两千多年前孔子没有把当时的民间诗歌整理编订，《诗经》根本不可能流传到今天，中国文学也就需要等待另一个萌芽的机会，也无所谓历史和传统了！

传统是一个文化的证据，有人拿它来重温，也有人拿着它来发挥。太传统会了无生气，完全放弃传统却会令人无所适从。假如我们将传统了解成"一些值得保留的东西"的话，也许会更加了解所谓传统的含意，包括我们的姓氏、新春的红封包、快乐的圣诞节等。

今天我们练习毛笔书法时，仍然会打开古代的字帖。一千三百年前的颜真卿、柳公权的书法刻画在西安的碑林里，不知不觉间就成为了我们生活的一个部分，这就是所谓的传统。

传统好像一条路，每一次回头，都会看到我们是从什么地方出发，打算往什么方向走下去。

无论如何弯弯曲曲，都是路。

参考书目

梁思成：《营造法式注释》，中国建筑工业出版社，1983.

梁思成：《清式营造则例》，中国建筑工业出版社，1981.

梁思成：《梁思成文集》，中国建筑工业出版社，1984.

刘敦桢主编：《中国古代建筑史》，中国建筑工业出版社，1980.

王伯扬主编，《中国历代艺术》编辑委员会编：《中国历代艺术·建筑艺术编》，中国建筑工业出版社，1994.

刘大可编著：《中国古建筑瓦石营法》，中国建筑工业出版社，1993.

中国建筑技术发展中心、建筑历史研究所主编：《浙江民居》，中国建筑工业出版社，1984.

程万里编著：《中国传统建筑》，中国建筑工业出版社，1991.

李允鉌：《华夏意匠：中国古典建筑设计原理分析》，（香港）广角镜出版社，1984.

陈同滨、吴东等主编：《中国古典建筑室内装饰图集》，今日中国出版社，1995.

方骏、尚可编：《中国古代插图精选》，江苏人民出版社，1992.

《中国美术全集》编辑委员会编：《中国美术五千年》第七卷《建筑艺术编》，中国建筑工业出版社，1991.

王镇华：《中国建筑备忘录》，（台湾）时报文化出版事业有限公司，1989.

刘敦桢：《中国住宅概说》，（台湾）明文书局，1983.

楼庆西：《中国宫殿建筑》，（台湾）艺术家出版社，1994.

马炳坚：《中国古建筑木作营造技术》，（台湾）博远出版社，1993.

清华大学建筑系编：《建筑史论文集》（第一辑），清华大学出版社，1983.

[日本] 伊东忠太著，陈清泉译补：《中国建筑史》，（台湾）商务印书馆，1981.

荆其敏编著：《中国传统民居百题》，天津科学技术出版社，1985.

（明）计成：《园冶》，（台湾）金枫出版社，1987.

程建军：《中国古代建筑与周易哲学》，吉林教育出版社，1991.

中国科学院自然科学史研究所主编：《中国古代建筑技术史》，科学出版社，1985.

张驭寰：《古建筑勘察与探究》，江苏古籍出版社，1988.

《故宫文物月刊》：台北故宫博物院.

中国建筑学会建筑历史学术委员会主编：《建筑历史与理论》第一、二辑，江苏人民出版社，1981、1982.

俞维国等编著：《中国建筑史话》，（台湾）明文书局，1989.

罗哲文主编：《中国古代建筑》，上海古籍出版社，1990.

乔匀主编：《中国园林艺术》，（香港）三联书店，1982.

中国建筑科学研究院编：《中国古建筑》，（香港）三联书店，1982.

天津大学建筑系、承德市文物局编著：《承德古建筑》，（香港）三联书店，1982.

黄韬朋、黄钟骏：《圆明园》，（香港）三联书店，1985.

陈从周、潘洪萱、路秉杰：《中国民居》，（香港）三联书店，1993.

陈从周主编：《中国厅堂：江南篇》，（香港）三联书店，1994.

陈从周：《梓室余墨》，（香港）商务印书馆，1997.

侯幼彬：《中国建筑美学》，黑龙江科学技术出版社，1997.

刘先觉主编：《建筑历史与理论研究文集》（1927-1997），中国建筑工业出版社，1997.

刘叙杰编：《刘敦桢建筑史论著选集》，中国建筑工业出版社，1997.

［德］玛丽安娜·鲍榭蒂著，闻晓萌、廉悦东译：《中国园林》，中国建筑工业出版社，1996.

彭一刚：《中国古典园林分析》，中国建筑工业出版社，1986.

程兆熊：《论中国庭园花木》（增订本），（台湾）明文书局，1985.

汪之力主编：《中国传统民居建筑》，山东科学技术出版社，1994.

楼庆西：《中国建筑形态与文化》，（台湾）艺术家出版社，1997.

林会承：《［台湾］传统建筑手册　形式与作法篇》，（台湾）艺术家出版社，1990.

马瑞田：《中国古建筑彩画》，文物出版社，1996.

王其钧：《中国传统民居》，外文出版社，2004.

鸣 谢

朱传荣女士、赵广隆先生在百忙中替本书写序
香港著名建筑师何显毅先生的协助
郭照威、林荔儿君在制作上的协助